Funkschaltungen

Ein Leitfaden der wichtigsten Empfangs-
und Sendeschaltungen

von

Karl Mühlbrett

Berlin · Verlag von Julius Springer · 1927

ISBN-13: 978-3-642-47247-3   e-ISBN-13: 978-3-642-47636-5
DOI: 10.1007/978-3-642-47636-5
Softcover reprint of the hardcover 1st edition 1927

Vorwort.

Das Schrifttum der Funktechnik hat eine eigenartige Entwicklung durchgemacht. Vor dem Krieg gab es nur ganz wenige Bücher, die von ihr handelten, und diese waren von Auserwählten für ihre wenigen Fachgenossen geschrieben. Ich erwähne nur die Werke von Zenneck und Rein-Wirtz. Mit einem Schlage änderte sich das Bild, als der Rundfunk seinen Siegeszug begann. Nun fanden sich plötzlich eine große Menge „Sachverständige", die in Büchern und Zeitschriften ihre funktechnischen Kenntnisse an den Mann zu bringen suchten, ähnlich wie die Fabrikanten ihre Empfänger. Vom Stoff hatten beide keine Ahnung, und der Zusammenbruch dieser Unternehmen war die selbstverständliche Folge.

Nachdem der Markt so gereinigt war, erschien bessere Ware, sowohl Geräte wie Bücher. Inzwischen ist der Käufer kritischer geworden, da seine Kenntnisse erheblich gestiegen sind. Wenn ich es heute unternehme, ein neues Funkbuch herauszugeben, so muß ich natürlich auf eine schärfere Beurteilung gefaßt sein als wenn mein Büchlein schon vor 3 Jahren erschienen wäre. Als alter Praktiker fürchte ich die Kritik nicht. Vor 25 Jahren habe ich meinen ersten Sender und Empfänger gebaut, damals noch für Knarrfunken mit Fritterempfang; als Student habe ich die Aufregung mit erlebt, als Poulsen den ungedämpften Sender herausbrachte, habe bei Goldschmidt Vorlesungen gehört, bei Rein und Wirtz im Laboratorium gearbeitet und im Krieg zu der Entwicklung der U-Boots-Nachrichtenmittel beigetragen. So weiß ich mich frei von dem Vorwurf einer Konjunkturausnutzung.

Der sachkundige Leser wird in dem Büchlein vieles finden, das er schon kennt, weil es Allgemeingut der Funkfreunde geworden ist. Ich habe mich aber bemüht, überall möglichst in die Tiefe zu gehen, das Wesentliche vom Unwichtigen zu scheiden, gemeinsame Gesichtspunkte herauszuarbeiten und der Darstellung eine persönliche Note zu geben. Wie weit dies im Rahmen eines dünnen Büchleins gelungen ist, mögen andere beurteilen.

Als Leser denke ich mir vor allem solche Funkfreunde, die schon die allgemeinen Grundlagen beherrschen und sich weiter bilden wollen. Ein Bastelbuch habe ich nicht geschrieben, wohl aber gedachte ich dem Bastler für das, was er an Hand eines Bauplanes zusammenbaut, die physikalische und technische Erklärung zu geben.

Hamburg, im Februar 1927.

Dr.-Ing. **Karl Mühlbrett.**

Inhaltsverzeichnis.

                                      Seite

A. Schwingschaltungen 1
   1. Der Schwingungskreis 1
   2. Gekoppelte Kreise 6
   3. Zwischenkreise 7
   4. Die Anpassung 8
B. Strahlschaltungen 10
   1. Der physikalische Vorgang 10
   2. Die frei schwebende Antenne 11
   3. Die geerdete Antenne 12
   4. Die geknickte Antenne 13
   5. Die aufgewickelte Antenne. Der Rahmen 13
   6. Der Leitfunk 14
   7. Berechnung der Antennenschaltungen 15
   8. Schutzschaltungen 16
C. Richtschaltungen 17
   1. Die Aufgabe 17
   2. Der Kristalldetektor 17
   3. Die Elektronenröhre 18
      a) Die Röhre ohne Gitter 18
      b) Die Röhre mit Gitter 19
      c) Das Audion 20
      d) Allgemeines über Röhrenschaltungen 20
D. Das Verstärken 22
   1. Arbeitsweise und Schaltung der Röhre 22
   2. Mehrröhrenverstärker 25
   3. Anwendungsbereich 30
   4. Doppelgitterröhren 31
   5. Sparschaltungen 32
   6. Doppelverstärkung 33
   7. Das Parallelschalten von Röhren 35
E. Das Erzeugen (und Unterdrücken) von Schwingungen. 40
   1. Durch Maschinen allein 40
   2. Durch Maschinen mit Frequenzwandlern 40
   3. In Schwingungskreisen 41
      a) Mittels Funkenerregung 41
      b) Mittels Lichtbogenerregung 41
      c) Mittels rückgekoppelter Elektronenröhren . 42
         α) Schaltungen mit einer Röhre 42
         β) Das Einstellen der Rückkopplung 46

	Seite

γ) Die Pendelrückkopplung 50
δ) Kopplung über mehrere Röhren 53
d) Mittels Elektronenröhren ohne Rückkopplung 56
α) Das Dynatron 56
β) Das Negatron 57
4. Durch selbsttätig veränderliche Widerstände ohne Schwingungskreise 57
   a) Mittels Glimmlampen 57
   b) Mittels rückgekoppelter Elektronenröhren 58

F. Das Beeinflussen von Schwingungen 59
  1. Allgemeines 59
  2. Die Steuergeräte 60
    a) Die Übertragung verabredeter Schriftzeichen 60
    b) Die Übertragung von Schallzeichen 61
      α) Die Widerstandsmikrophone 61
      β) Die Induktionsmikrophone 62
      γ) Elektrostatische Geräte 63
    c) Die Übertragung von Bildern 63
      α) Die Übermittlung von Handschriften und einfachen Zeichnungen 63
      β) Die Übermittlung einfarbiger Zeichnungen mit Zwischentönen 63
      γ) Die Übermittlung farbiger Bilder 64
  3. Die Steuerschaltungen 64
    a) Die Morsetaste 64
    b) Die Mikrophone und Mikrophote 64

G. Das Überlagern zweier Schwingungen 66
  1. Das Entstehen der Schwebungen 66
  2. Aufdrücken einer Kennung im Sender 67
  3. Aufdrücken einer Kennung im Empfänger 68
  4. Der Empfang ungedämpfter Wellen 68
  5. Der Zwischenfrequenzempfang 69

H. Stromquellen 70
  1. Allgemeines 70
  2. Sammler 71
  3. Gleichrichter 71
    a) Vorbemerkungen 71
    b) Elektrische Gleichrichter 73
      α) Der elektrolytische Gleichrichter 73
      β) Die Elektronenröhre 73
      γ) Die Glimmröhre 73
      δ) Der Quecksilberdampfgleichrichter 74
    c) Mechanische Gleichrichter 75
  4. Das Starkstromnetz 75
    a) Gleichstrom 75
    b) Wechselstrom 76

Inhaltsverzeichnis. VII

	Seite
I. Das Reinigen der Schwingungen	78
1. Innere Störungen	78
a) Wilde Schwingungen	78
b) Andere Eigenstörungen	78
2. Äußere Störungen	79
a) Fremde Sender	79
b) Atmosphärische Störungen	82
J. Vollständige Schaltungen	82
1. Die Abstimmung	83
2. Das Anschalten des Gleichrichters	83
a) Der Kristalldetektor	83
b) Die Röhre	84
α) Anodengleichrichtung	84
β) Audion	84
γ) Schwingaudion	84
3. Die Verstärkung	86
a) Einfache Verstärkung	86
b) Doppelverstärkung	86
α) Schaltungen mit Eingitterröhren	86
β) Schaltungen mit Doppelgitterröhren	87
4. Die Gegentaktschaltung	88
5. Die Pendelrückkopplung	89
a) Die Schaltung von Armstrong	89
b) Die Schaltung von Flewelling	90
6. Der Zwischenfrequenzempfänger	91
a) Die Superheterodynschaltung	91
b) Die Ultradynschaltung	92
c) Die Tropadynschaltung	92
7. Funkbildempfänger	93
8. Senderschaltungen	93

Erklärung einiger Zeichen und Abkürzungen.

1. Formelzeichen.

A	Aussteuerung.
C	Kapazität.
c	Ausbreitungsgeschwindigkeit der elektromagnetischen und der Lichtwellen.
d	logarithmisches Dekrement (Abnahme) der Schwingungen.
dI, dU	Änderung der Stromstärke bzw. Spannung.
f	Frequenz (Zahl der Schwingungen in 1 Sekunde).
I	Stromstärke.
L	Selbstinduktivität (Maß für das Magnetfeld einer Spule).
l	Länge.
M	Gegenseitige Induktivität (Maß für das gemeinsame Magnetfeld zweier Spulen).
N	Leistung (Arbeit in 1 Sekunde).
R	Ohmscher Widerstand (maßgebend für den Energieverbrauch).
$\Re$	Wechselstromwiderstand (maßgebend für Verbrauch und Aufspeicherung von Energie).
S	Abstimmschärfe.
T	Dauer einer Welle oder Schwingung.
U	Spannung.
w	Windungszahl.
λ	Länge einer Welle.
$\omega = 2\pi f$	Zahl der Schwingungen in 2π Sekunden (Kreisfrequenz).

2. Einheitszeichen.

A	Ampere (Stromstärke).
cm	Zentimeter (Länge, Selbstinduktivität, Kapazität).
F	Farad (Kapazität).
H	Henry (Selbstinduktivität).
Hz	Hertz (Schwingungszahl, Frequenz).
km	Kilometer (Länge).
m	Meter (Länge).
mA	Milliampere (Stromstärke).
s	Sekunde (Zeit).
V	Volt (Spannung).
W	Watt (Leistung).
μF	Mikrofarad (Kapazität).
Ω	Ohm (Widerstand).

3. Mathematische Zeichen.

lg	Logarithmus.
lg nat	natürlicher Logarithmus (gleich dem 2,3fachen des gewöhnlichen Logarithmus).
max	Maximum (Höchstwert).
min	Minimum (Kleinstwert).
π	3,14.
Σ	Summe.
$>$	größer als.
$<$	kleiner als.

4. Zahlen bei Spulen bedeuten Windungen von Wabenspulen; Zahlen bei Kondensatoren bedeuten Kapazität in cm.

1 Henry = 10^9 cm. 1 Farad = 10^6 Mikrofarad = $9 \cdot 10^{11}$ cm.
1 Mikrofarad = $9 \cdot 10^5$ cm.

A. Schwingschaltungen.

1. Der Schwingungskreis.

Verbindet man nach Abb. 1 die beiden Enden einer Spule L mit den Belegungen eines Kondensators C, so ist diese Anordnung fähig, bei Energiezufuhr elektrische Schwingungen auszuführen. Aus der Kapazität C und der Selbstinduktivität L berechnet man:

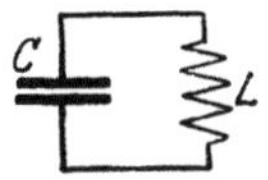

Abb. 1.

die Eigenfrequenz $\quad f = \dfrac{1}{2\pi\sqrt{CL}}$ in Hertz

die Dauer einer Schwingung $T = 2\pi\sqrt{CL}$ in Sek.

mit C in Farad, L in Henry,

die Länge der Eigenwelle $\quad \lambda = 2\pi\sqrt{CL}$ in cm, wenn C und L in cm.

Zwischen diesen Größen bestehen ferner die Beziehungen:

$$\lambda = c \cdot T = \frac{c}{f},$$

wo $c = 3 \cdot 10^{10}$ cm/s gleich der Lichtgeschwindigkeit ist.

Besitzt der Kreis den energieverzehrenden Widerstand R, so nehmen beim Ausbleiben der Energiezufuhr die Schwingungen allmählich ab. Als Maß dieser „Dämpfung" gilt das „logarithmische Dekrement", d. i. der natürliche Logarithmus des Verhältnisses zweier aufeinander folgenden Höchstwerte des Stromes oder der Spannung:

$$d = \lg \mathrm{nat}\, \frac{I_{n+1}}{I_n} = \lg \mathrm{nat}\, \frac{U_{n+1}}{U_n} = \pi \cdot R \cdot \sqrt{\frac{C}{L}}.$$

d ist eine Größe ohne Dimension; R wird in Ohm, C in Farad, L in Henry eingesetzt. Entsprechend dieser Gleichung wird man Schwingschaltungen vorteilhaft mit kleiner Kapazität C und großer Induktivität L ausführen, wenn die Dämpfung klein bleiben soll. Auf die Wellenlänge hat die Dämpfung keinen merkbaren Einfluß.

Schaltet man nach Abb. 2 mehrere Kondensatoren mit den Kapazitäten C_1, C_2 usw. parallel, so wirken sie wie ein Kondensator von der Größe

$$C_r = C_1 + C_2 + \cdots = \Sigma C.$$

Die Eigenwelle eines Kreises wird durch das Parallelschalten verlängert, die Eigenfrequenz vermindert.

Schaltet man mehrere Kondensatoren nach Abb. 3 in Reihe, so wirken sie wie ein Kondensator mit einer Kapazität C_r, die kleiner ist als jede Teilkapazität:

$$\frac{1}{C_r} = \frac{1}{C_1} + \frac{1}{C_2} + \cdots = \Sigma \frac{1}{C}.$$

Die Eigenwelle eines Kreises wird durch die Reihenschaltung verkürzt.

Abb. 2.

Werden nach Abb. 4 mehrere Spulen mit den Selbstinduktivitäten L_1, L_2 usw. parallel geschaltet, so wirken sie wie eine Spule mit verringerter Selbstinduktivität L_r, entsprechend der Formel:

$$\frac{1}{L_r} = \frac{1}{L_1} + \frac{1}{L_2} + \cdots = \Sigma \frac{1}{L}.$$

Die Eigenwelle nimmt dabei ab.

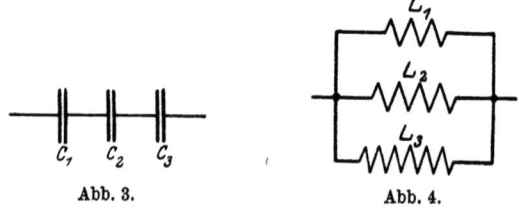

Abb. 3. Abb. 4.

Bei Reihenschaltung nach Abb. 5 wirken die einzelnen Spulen wie eine Spule, deren Induktivität:

$$L_r = L_1 + L_2 + \cdots = \Sigma L.$$

Koppelt man außerdem die Spulen miteinander wie beim Variometer, so wird bei 2 Spulen:

$$L_r = L_1 + L_2 \pm 2M.$$

Man bezeichnet M als Gegeninduktivität. Sie wird wie L in Henry oder in Zentimeter gemessen. Das positive Vorzeichen gilt, wenn die Magnetfelder beider Spulen sich unterstützen, das negative, wenn sie einander entgegenwirken.

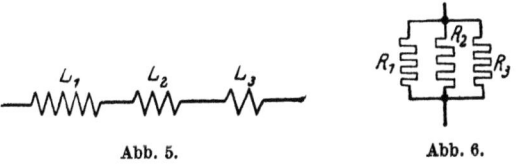

Abb. 5.   Abb. 6.

Bei Verwendung gleicher Spulen, $L_1 = L_2$, wird im günstigsten Fall $M = L_1$, und man erhält einen Regulierbereich:

$$0 < L_r < 4L_1.$$

Schaltet man mehrere Widerstände R_1, R_2 usw. nach Abb. 6 neben einander, so sinkt der Gesamtwiderstand auf einen Wert R_r nach der Formel:

$$\frac{1}{R_r} = \frac{1}{R_1} + \frac{1}{R_2} + \cdots = \sum \frac{1}{R},$$

wobei die Dämpfung in demselben Maß abnimmt.

Bei Reihenschaltung, Abb. 7, wächst der Gesamtwiderstand auf die Summe:

$$R_r = R_1 + R_2 + \cdots = \Sigma R,$$

und ebenso steigt die Dämpfung.

Die Selbstinduktivität einer Spule ist ein Ausdruck für die Tatsache, daß die Spule ein Magnetfeld besitzt. Aber nicht nur die Spule, sondern auch jeder einzelne Draht besitzt ein Magnetfeld, so daß man ihm eine wenn auch kleine Selbstinduktivität zuschreiben muß. Bei kurzen Wellen kann sie sich störend bemerkbar machen.

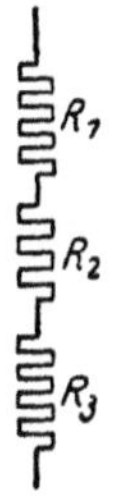

Kapazität besitzt jede Leiterfläche, die man mit Elektrizität laden kann. Diese Fläche darf beliebige Form haben, z. B. kann sie die Oberfläche eines Drahtes sein. Besonders groß wird die Ladung und die Kapazität, wenn eine andere Metallfläche ganz in der Nähe liegt. Man führe also Wechselstromleitungen stets in wenigstens 2 cm Abstand.

Abb. 7.

Der Ohmsche Widerstand ist ein Ausdruck dafür, daß Energie verbraucht wird. Durchfließt der Strom I den Wider-

stand R, so wird die Leistung verbraucht:
$$N = R \cdot I^2$$
(R in Ohm, I in Ampere, N in Watt).

Wegen ihrer Einfachheit benutzt man diese Formel auch dann, wenn sonstwo eine Leistung verbraucht wird, z. B. bei Induktion in einem benachbarten Leiter oder bei Energieausstrahlung. Kennt man in diesem Fall den Verbrauch N und die Stromstärke I, so berechnet man daraus den Widerstand R, der in die Leitung eingeschaltet genau so viel verbrauchen würde wie der außerhalb liegende Verbraucher.

Leitet man durch einen **Kondensator** von der Kapazität C einen Wechselstrom von der Frequenz f, so nimmt er bei der Spannung U eine **Energie** auf:
$$W = \frac{1}{2} C \cdot U^2$$
(C in Farad, U in Volt, W in Wattsekunden).

Diese Energie wird aber nicht wie in einem Widerstand verbraucht, sondern nur **aufgespeichert**. Der Kondensator wirkt **scheinbar** wie ein Widerstand von der Größe:
$$\mathfrak{R}_C = \frac{1}{2\pi f C},$$
wofür man einfach schreibt:
$$\mathfrak{R}_C = \frac{1}{\omega C},$$
wenn man $2\pi f = \omega$ setzt. Die Formel lehrt, daß dieser scheinbare Widerstand sinkt, wenn die Frequenz f wächst oder die Wellenlänge λ abnimmt. Ein Kondensator kann also schalttechnisch dazu dienen, Ströme verschiedener Frequenz zu trennen, da er hochfrequenten Wechselstrom leicht durchläßt, niederfrequenten dagegen absperrt.

Schickt man in eine **Spule** von der Selbstinduktivität L einen Wechselstrom von der Stärke I und der Frequenz f, so speichert sie ebenfalls **Energie** auf im Betrage:
$$W = \frac{1}{2} \cdot L \cdot I^2$$
(L in Henry, I in Ampere, W in Wattsekunden), die nicht verbraucht, sondern bei Gelegenheit wieder abgegeben wird. Auch hier spricht man deshalb von einem **scheinbaren Widerstand**:
$$\mathfrak{R}_L = \omega L.$$

Der Schwingungskreis.

Er wächst mit der Frequenz und sinkt, wenn die Welle λ länger wird. Die Spule eignet sich daher ebenfalls zum Trennen von Strömen verschiedener Frequenz, weil sie hochfrequenten Wechselstrom abdrosselt und Gleichstrom ungehindert durchtreten läßt.

In der Funkpraxis vereinigt man die Drosselspule D und den Sperrkondensator C, wenn man z. B. in Abb. 8 die von A kommenden Ströme trennen will. Über die Spule D geht der niederfrequente Strom (Gleichstrom), über den Kondensator C der hochfrequente Strom.

Verbindet man einen Kondensator C und eine Spule L (mit dem unvermeidlichen Widerstand R) zu einem Schwingungs-

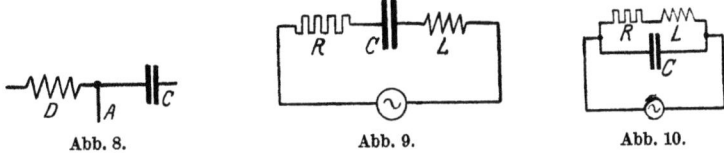

Abb. 8.   Abb. 9.   Abb. 10.

kreis und erregt ihn mit Wechselstrom, so kann man die Stromquelle in zweierlei Weise anschließen: nach Abb. 9 oder nach Abb. 10.

Die Reihenschaltung mit der Wechselstromquelle nach Abb. 9 läßt den Schwingungskreis als einen Widerstand erscheinen von der Größe:

$$\Re_R = \sqrt{R^2 + \left(\omega L - \frac{1}{\omega C}\right)^2}.$$

Schließt man aber die Quelle nach Abb. 10 an, schaltet also die beiden Hälften des Schwingungskreises parallel, dann stellt er einen Widerstand dar:

$$\Re_P = \sqrt{\frac{R^2 + (\omega L)^2}{(\omega C)^2 \cdot \left[R^2 + \left(\omega L - \frac{1}{\omega C}\right)^2\right]}}.$$

In beiden Formeln kommt die Differenz vor: $\omega L - \frac{1}{\omega C}$. Dies sagt uns, daß Kondensator und Spule gerade entgegengesetzt auf den Strom wirken und daß sich diese beiden Wirkungen gelegentlich aufheben können. Wenn $\omega L - \frac{1}{\omega C} = 0$, dann hat der Widerstand $\Re_R$ seinen kleinsten und $\Re_P'$ seinen größten Wert; umgekehrt ist es mit dem Strom. Diesen Zustand nennt man Resonanz. Man unterscheidet die beiden Fälle als Spannungs- und Stromresonanz. Von ihnen wird in der Funktechnik ausgiebiger Gebrauch gemacht. Die Resonanzwiderstände sind:

$$\mathfrak{R}_{R\,\text{min}} = R,$$
$$\mathfrak{R}_{P\,\text{max}} = \frac{L}{C \cdot R}.$$

Will man einen fernen Sender gut aufnehmen, so wird man mit allen Mitteln danach streben, einen kräftigen Empfangsstrom zu erhalten. Also wendet man die Spannungsresonanz entsprechend Abb. 9 an. Handelt es sich aber darum, einen andern Sender, der störend dazwischen tönt, unschädlich zu machen, so wird man ihm einen auf Stromresonanz abgestimmten Kreis nach Abb. 10 als Sperrkreis entgegensetzen.

Von Wichtigkeit ist ferner das Verhalten eines Schwingungskreises in der Nähe der Resonanz. Man legt im allgemeinen Wert darauf, nur die Resonanzwelle laut und deutlich aufzunehmen, und will von nahe benachbarten Wellen nichts hören. Je besser man dieses Ziel erreicht, um so schärfer nennt man die erzielte Abstimmung. Die Abstimmschärfe hängt eng mit der Dämpfung des Schwingungskreises zusammen. Je größer die Dämpfung, um so schlechter ist die Abstimmschärfe S. Zahlenmäßig rechnet man nach der Formel:

$$S = \frac{\pi}{d} = \frac{1}{R} \cdot \sqrt{\frac{L}{C}}.$$

Die Abstimmschärfe wächst also, wenn man viel Selbstinduktivität und wenig Kapazität zum Abstimmen benutzt.

2. Gekoppelte Kreise.

Zwei elektrische Stromkreise, die so miteinander verbunden sind, daß **Energie von dem einen zum andern übertreten kann**, nennt man gekoppelt. So ist z. B. jeder Empfänger mit seinem Sender gekoppelt. Die Kopplung gilt als lose, wenn die Energie langsam überströmt, wie es z. B. beim Sender und Empfänger stets der Fall ist, wo überhaupt der Fall nie eintritt, daß die volle Senderenergie zum Empfänger gelangt. Feste Kopplung liegt vor, wenn die Energie schnell hinüber wandert.

Als mechanisches Beispiel einer festen Kopplung kann man einen Personenzug ansehen, während ein Güterzug mit loser Kopplung fährt. Je nachdem ob die gekoppelten Stromkreise einen Widerstand, ein magnetisches oder ein elektrisches Feld ge-

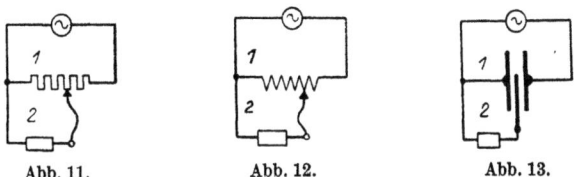

Abb. 11.   Abb. 12.   Abb. 13.

meinsam haben, spricht man von galvanischer (Abb. 11), induktiver oder magnetischer (Abb. 12) und kapazitiver oder elektrischer Kopplung (Abb. 13). Neben diesen reinen Kopplungen sind Mischungen möglich; z. B. ist die induktive Kopplung nach Abb. 12 stets mit galvanischer Kopplung vereinigt, da die Spule Widerstand besitzt. Sehr häufig ist die Kopplung nach Abb. 14, die man in der Starkstromtechnik als Transformator be-

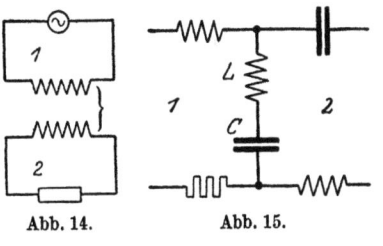

Abb. 14.   Abb. 15.

zeichnet. Sender und Empfänger sind magnetisch und elektrisch gekoppelt.

Als Kopplung von zweifelhaftem Wert muß man die Schaltung Abb. 15 bezeichnen, weil hier ein Kondensator C und zugleich eine Spule L zur Kopplung benutzt werden. Wenn zufällig $\omega L = 1/\omega C$, dann ist überhaupt keine Kopplung vorhanden. Für Frequenzen, die kleiner sind als die Resonanzfrequenz, liegt der Hauptwiderstand im Kondensator, also ist kapazitive Kopplung vorhanden; höhere Frequenzen ergeben eine induktive Kopplung. Benutzt man dagegen eine Stromresonanzschaltung als Koppelglied, so ist bei Resonanz die Kopplung am festesten.

3. Zwischenkreise.

Um die Abstimmschärfe zu erhöhen, d. h. um sich von Sendern benachbarter Wellenlängen besser frei zu machen, schaltet man zwischen die Antenne und den Hörerkreis einen oder mehrere abstimmbare Schwingungskreise von geringer Dämpfung, die man mit der Antenne und miteinander lose koppelt. Die Schaltmöglichkeiten hierfür sind zahlreich. Zwei für induktive Kopplung geeignete Zwischenkreise bringen die Abb. 16 und 17, wo die Spulen einmal nebeneinander, das andere Mal hintereinander geschaltet sind. Die Schaltung Abb. 16 eignet sich unter sonst gleichen Verhältnissen für kleinere Wellen.

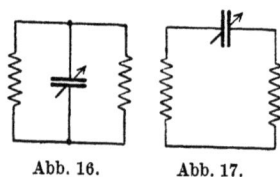

Abb. 16.   Abb. 17.

Eine kapazitive Kopplung zweier Kreise 1 und 2 zeigt Abb. 18. Als Übertragungsglieder dienen die Kondensatoren C, die man um so kleiner macht, je loser die Kopplung gewünscht wird.

Eine grundsätzliche Schwierigkeit ergibt sich beim Koppeln von Schwingungskreisen dadurch, daß die Energie zwischen beiden Kreisen hin und her wandert, wodurch die Schwingungsweiten abwechselnd größer und kleiner werden. Eine solche Schwingung mit veränderlichem Ausschlag läßt sich zerlegen in zwei Einzelwellen, jede von gleichbleibender Schwingungsweite, aber verschiedener Wellenlänge. Der Unterschied wächst mit der Festigkeit der Kopplung. Das An- und Abschwellen der Schwingungen nennt man Schwebungen.

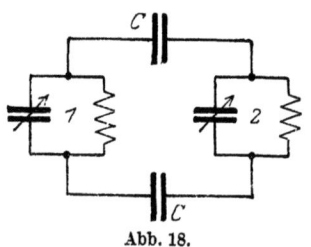

Abb. 18.

Es wird mit Rücksicht auf die Koppelschwingungen immer gut sein, lose zu koppeln. Aber sowohl hiermit wie mit dem Vorhandensein der Zwischenkreise überhaupt ist eine Minderung der Energie verbunden, während bei fester Kopplung im Röhrensender die Gefahr des „Ziehens" besteht, wobei sich die einzelnen Koppelwellen sprunghaft ablösen.

4. Die Anpassung.

Verbindet man nach Abb. 9 eine Stromquelle mit einem Verbrauchskreis, dann machen sich verschiedene Widerstände bemerkbar. Der kapazitive Widerstand $1/\omega C$, der induktive ωL und der Ohmsche Widerstand R. Durch Resonanzabstimmung

Die Anpassung.

läßt sich erreichen, daß die ersten beiden sich gerade aufheben und verschwinden. So bleibt nur der Ohmsche Widerstand als Belastung der Stromquelle übrig.

In den Stromkreisen der Meldetechnik ist die verfügbare Energie i. a. sehr gering, so daß man Wert darauf legt, die Ausnutzung dieser Energie auf einen möglichst hohen Wert zu bringen. Belastet man eine Stromquelle mit Widerständen R von wechselnder Größe, so findet man, daß der Höchstwert der Nutzleistung dann von der Stromquelle abgegeben bzw. von dem Widerstand R aufgenommen wird, wenn der innere Widerstand R_i der Quelle gleich dem Belastungswiderstand R ist.

Läßt sich diese Widerstandsanpassung nicht unmittelbar erreichen, dann zeigt die Theorie, daß die mittelbare Anpassung mit Hilfe eines Transformators dieselbe günstigste Energieausbeute liefert. Dabei muß zwischen den Windungszahlen w_1 und w_2 des Transformators und den Widerständen R_i und R die Beziehung bestehen:

$$\frac{w_1}{w_2} = \sqrt{\frac{R_i}{R}}.$$

Als Nutzanwendung hierfür kann man die Schaltung Abb. 19 ansehen. Hier soll die hochfrequente Antennenenergie durch die Detektorröhre gleichgerichtet und als Tonfrequenzenergie dem Hörer zugeführt werden. Wenn der Widerstand der Antennenspule klein ist gegen den Widerstand der als Verbraucher geltenden Röhre, dann ist der Transformator am Platze. Damit der Hörer im Sekundärkreis nicht unnützerweise Hochfrequenzenergie verzehrt, schaltet man ihm häufig einen kleinen Kondensator parallel.

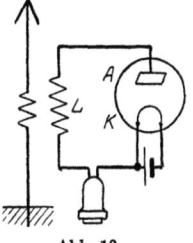

Abb. 19.

Nach geschehener Gleichrichtung dient die Röhre als Stromquelle für den Hörer. Dieser hat, mit tonfrequentem Wechselstrom gemessen, meist einen sehr großen Widerstand, der angenähert gleich dem Röhrenwiderstand ist, so daß sich hier ein Transformator erübrigt.

B. Strahlschaltungen.

1. Der physikalische Vorgang.

Die Rundfunktechnik beruht auf dem Vorhandensein der elektromagnetischen Wellen, die vom Sender erzeugt, gesteuert und ausgestrahlt, vom Empfänger aufgenommen und wahrnehmbar gemacht werden.

Das einfachste Strahlgerät, das sich sowohl zum Senden wie zum Empfangen eignet, ist ein einzelner Draht, den man Antenne oder Luftleiter nennt. Durchfließt ihn ein Strom, so entwickelt er ein magnetisches Feld, dessen Stärke mit der Stärke des Stromes und der Länge des Leiters wächst. Die Linien dieses Feldes sind Kreise, die ähnlich wie Wasserwellen von der Erregerstelle ausgehen und sich immer weiter ausbreiten. Während aber die Wasserteilchen auf und ab schwingen, verlaufen die Magnetlinien bald links und bald rechts herum, Abb. 20.

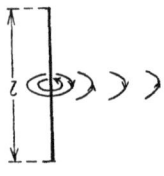

Abb. 20.

Läßt man einen Stein ins Wasser fallen, so entsteht ein schnell abklingender Wellenzug. Bindet man aber den Stein an einen Faden und läßt ihn in regelmäßiger Folge auf und ab tanzen, so entsteht ein endloser Zug ganz gleicher Wellen. Die erste Art bezeichnet man als gedämpfte Wellen, die durch Stoßerregung entstehen, die zweite als ungedämpfte Wellen bei Dauererregung. Beide Wellenarten kommen in der Funktechnik vor. Für die Schallübertragung eignen sich nur die ungedämpften Wellen, weil zwischen den einzelnen Gruppen gedämpfter Wellen Zwischenräume liegen, in denen nichts übertragen wird. So wie bei den ungedämpften Wasserwellen der erregende Stein dauernd hin und her bewegt werden muß, so ist für elektrische Wellen ein dauernd hin und her fließender Strom, d. h. ein Wechselstrom nötig.

Die Ebenen der Wellenkreise stehen senkrecht auf der Stromrichtung. Stellt man den Sendedraht senkrecht auf die Erde, so breiten sich seine Magnetlinien gleichmäßig über die ganze Erdoberfläche aus. Legt man ihn wagrecht hin, so breitet sich sein Feld in einer Ebene aus, die senkrecht auf der Erde steht. Nur wer in der Richtung dieser Ebene wohnt, kann empfangen. Für den „Rundfunk" ist daher nur die senkrechte Antenne brauchbar.

An der Empfangsstelle herrschen entsprechende Verhältnisse. Der Empfang ist um so kräftiger, je mehr Magnetlinien durch die Empfangsantenne hindurchschneiden. Man wird sie daher gleichfalls möglichst lang machen und senkrecht aufstellen.

Der hin und her gehende Wechselstrom ladet die freien Enden der Antenne bald positiv, bald negativ. Mit diesen Ladungen sind elektrische Felder verbunden, deren Linien von den positiven Ladungen ausgehen und auf den negativen Ladungen enden. Diese Linien verlaufen i. a. parallel der Antenne und stehen senkrecht auf der Erde, Abb. 21. Auch sie werden durch das Hervorquellen immer neuer Linien bei dem steten Wechsel der Antennenladung fortgetrieben.

Das Zusammenwirken der magnetischen und elektrischen Felder nennt man elektromagnetische Wellen. Sie breiten sich im freien Raum mit Lichtgeschwindigkeit, d. i. mit $c = 300000$ km/s, aus.

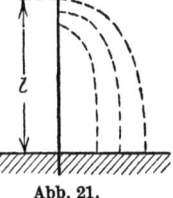

Abb. 21.

Treffen diese Wanderwellen auf irgend einen Körper, so üben sie auf die in ihm ruhende Elektrizität Kräfte aus, und zwar in der Richtung der Linien des elektrischen Feldes, d. h. also von oben nach unten oder von unten nach oben. In einem senkrechten Leiter (Mensch, Baum, Blitzableiter, Antenne) entsteht daher ein Strom von genau demselben Verlauf wie im Sender, jedoch entsprechend der Entfernung bedeutend kleiner.

2. Die frei schwebende Antenne.

Die Antenne sei ein Draht, der weltfern einsam im Raum schwebt, Abb. 20. Gehört er einem Sender an, so ist er irgendwie mit einer Wechselstromquelle verbunden; gehört er einem Empfänger an, so wirkt der ferne Sender auf ihn. In jedem Fall erfahren seine Elektronen Kräfte, die sie z. B. im ersten Augenblick von unten nach oben treiben. Am oberen isolierten Ende stoßen sie wie Gummibälle elastisch an, prallen zurück und strömen nach unten, und so geht es mehrmals hin und her wie bei einem Pendel. Wenn nun der zweite Anstoß der Kraftquelle, der umgekehrt wie der erste verläuft, gerade in dem Augenblick kommt, wo der

Strom schon von selber zur Umkehr geneigt ist, so wird der Rückstrom und jede weitere Schwingung sich kräftig ausbilden. Auch diesen Zustand nennt man Resonanz. Ist aber der Takt verschieden, dann stören sich die „Eigenschwingung" und die „Fremderregung", und es kommt kein merkbarer Strom zustande.

Am unteren freien Ende spielt sich dasselbe ab. Hier tritt gleichfalls der größte Elektronendruck, die größte „Spannung", infolge des Anpralles auf. In der Drahtmitte aber herrscht der stärkste Strom, denn durch die Mitte müssen alle Elektronen hindurchfließen. Nicht alle aber gelangen bis ans Ende des Drahtes, weil nicht nur die Enden, sondern auch die andern Teile des Drahtes geladen werden.

Die stromlosen Enden kann man mit den Schwingungsknoten einer Saite, die stromführende Mitte mit dem Schwingungsbauch vergleichen. So kommt man zu der Vorstellung, daß auf dem frei schwebenden Draht eine halbe Welle Platz hat. Oder man sagt: Die Eigenwelle λ_1 ist gleich dem Doppelten der Drahtlänge l:

$$\lambda_1 = 2l.$$

3. Die geerdete Antenne.

Gibt man dem unteren Drahtende nach Abb. 21 eine gut leitende Verbindung mit der Erde, dann prallen die Elektronen nicht an, sondern strömen widerstandslos in die Erde. Hier wird sich jetzt ein Strombauch ausbilden, während der Knoten am oberen Ende bleibt. Auf dem Draht ruht nur noch eine Viertelwelle, oder:

$$\lambda_2 = 4l.$$

Läßt man durch Heben oder Senken des Drahtes den einen Grenzfall in den andern übergehen, so sieht man, daß sich der Antennendraht auf die Wellenlängen $2l$ bis $4l$ abstimmen läßt. Für die Anwendung ist das Heben und Senken der ganzen Antenne zu unbequem. Man kann es indes elektrisch leicht nachahmen durch Einschalten eines Kondensators C_k am unteren Ende, Abb. 22. Wenn die volle Kapazität eingeschaltet ist und die Platten dicht beieinander stehen, dann liegt das untere Ende an der Erde, und es gilt wieder:

$$\lambda_2 = 4l,$$

während bei einer Verkleinerung von C_k die Platten sich immer weiter voneinander entfernen, bis:
$$\lambda_1 = 2\,l.$$
Es ist also möglich, die „Eigenwelle" der geerdeten Antenne durch den Kondensator auf die Hälfte zu verkürzen. Weiter herabsetzen läßt sie sich nicht.

4. Die geknickte Antenne.

Es ist für die Resonanzbildung nicht erforderlich, daß der Antennendraht senkrecht steht, da es nach dem Vorstehenden nur auf die Länge ankommt. Hat man keine genügend hohen Stützen zur Verfügung, so kann man den Draht schräg oder

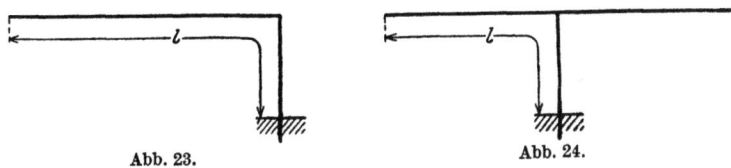

Abb. 23.   Abb. 24.

wagrecht ausspannen. Abb. 23 stellt die L-, Abb. 24 die T-Antenne dar. Selbst diese einfachen geknickten Formen machen aber der Theorie große Schwierigkeiten, und man rechnet nur in grober Annäherung mit den Formeln:

I-Antenne $\lambda = 4{,}0\,l$ Abb. 21,
L-Antenne $\lambda = 4{,}5\,l$ Abb. 23,
T-Antenne $\lambda = 4{,}8\,l$ Abb. 24.

5. Die aufgewickelte Antenne. Der Rahmen.

Man kann noch einen Schritt weiter gehen und den Antennendraht teilweise aufwickeln, Abb. 25. Statt am oberen Ende kann man den Draht auch am unteren Ende aufwickeln oder, anders gesagt, zum Verlängern des Antennendrahtes bzw. der Eigenwelle Spulen einschalten, Abb. 26. Das letzte Glied in dieser Entwicklung ist schließlich der völlige Verzicht auf die Hochantenne, indem man den ganzen Draht zur Spule wickelt, zum Empfangsrahmen, Abb. 27. Für den Rahmen gilt ganz grob:
$$\lambda = 5\,l.$$

Die Erfahrung zeigt aber, daß die Antennen um so unwirksamer werden, je niedriger sie sind, und die Theorie begründet dies mit der Forderung, daß vom Sendedraht möglichst viele

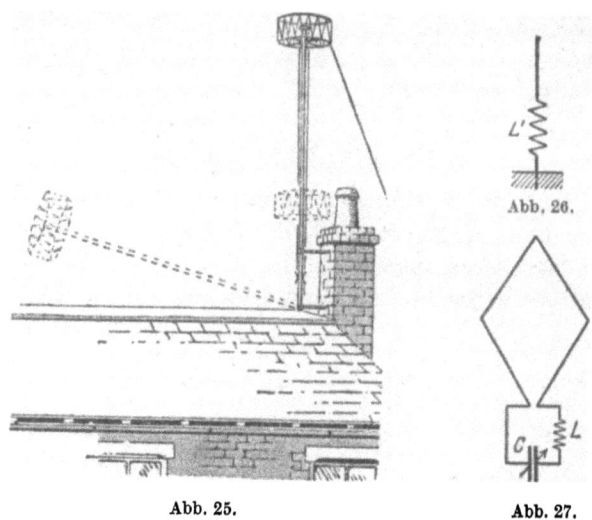

Abb. 25.   Abb. 27.

Feldlinien ausgehen und vom Empfangsdraht recht viele Linien aufgenommen werden müssen. Für das Senden kommt daher nur die Hochantenne in Betracht, für Fernempfang ist sie viel besser als der Rahmen.

6. Der Leitfunk.

Als eine besondere Erscheinung ist der Leitfunk anzusehen, wo sich die Wellen teils mit, teils ohne Absicht des Senders längs Stark- oder Schwachstromleitungen bewegen und an beliebiger Stelle ohne besondere Antenne abgenommen werden können. Daß man hierbei stark vom Zufall abhängt, ob man gut oder schlecht empfängt, läßt sich mühelos daraus erklären, daß auf den Leitungen Knoten und Bäuche sich ausbilden, deren Lage man nicht kennt.

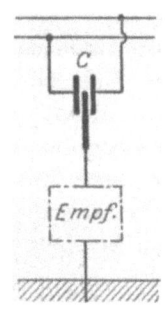

Abb. 28.

Um den Starkstrom vom Empfangsgerät fernzuhalten, soll man nach Abb. 28 stets einen Sperrkondensator C von etwa 1000 cm zwischen Leitung und Gerät schalten.

7. Berechnung der Antennenschaltungen.

Die Tatsache, daß der Antennendraht ein magnetisches und elektrisches Feld besitzt, kann man dadurch ausdrücken, daß man ihm Selbstinduktivität und Kapazität, über seine ganze Länge verteilt, zuschreibt. Naturgemäß wird die Selbstinduktivität vor allem da zur Geltung kommen, wo der stärkste Strom fließt, also bei der geerdeten Antenne am unteren Ende, bei der frei schwebenden in der Mitte, während die Kapazität dort wirksam ist, wo sich Ladungen sammeln, d. i. an den freien Enden. Besonders groß wird die Kapazität gegen die Erde dann, wenn am oberen Ende viele und lange Querdrähte vorhanden sind oder wenn Antennenteile nahe der Erde geführt werden, z. B. dicht an Wänden, oder wenn man gar Erd- und Antennenleitung zu einer Doppellitze verdrillt.

Die Eigenwelle λ eines Schwingungskreises ergibt sich bekanntlich aus der Kapazität C und der Selbstinduktivität L zu:

$$\lambda = 2\pi \cdot \sqrt{C \cdot L}.$$

Durch Zuschalten einer Spule mit der Selbstinduktivität L' nach Abb. 26 kann man die Welle verlängern auf:

$$\lambda = 2\pi \cdot \sqrt{C \cdot (L + L')}.$$

Um hierbei fein abstimmen zu können, verwendet man gern nach Abb. 29 eine Drehspule (Variometer) oder nach Abb. 30 eine Schiebespule.

Schaltet man nach Abb. 22 einen Verkürzungskondensator mit der Kapazität C_k ein, dann liegt die Antennenkapazität C in Reihe mit C_k, die Gesamtkapazität sinkt auf:

$$C_r = \frac{C \cdot C_k}{C + C_k},$$

Abb. 29. Abb. 30.

und die verkürzte Welle wird:

$$\lambda = 2\pi \cdot \sqrt{\frac{C \cdot C_k}{C + C_k} \cdot L}.$$

Um die Selbstinduktivität einer Antenne zu verkleinern und damit die Eigenwelle zu verkürzen, empfiehlt es sich, besonders bei Kurzwellensendern, nicht 1 Draht als Antenne zu verwenden, sondern mehrere Drähte parallel zu schalten, etwa nach Abb. 31, wo 4 Drähte über die 4 Enden eines Holzkreuzes geführt sind. Die „Reuse" kann bei kurzen Antennen etwa 30, bei höheren 50 cm oder noch mehr Durchmesser haben. Durch die Nebenschaltung wird auch der Ohmsche Widerstand herabgesetzt. Wenn beim Verlängern die Selbstinduktivität L' der Spule gegenüber der Eigeninduktivität L der Antenne stark überwiegt, so kann man L vernachlässigen und behaupten, daß die Antennenkapazität C unmittelbar an der Spule liegt. Dann läßt sich durch Nebenschalten eines Kondensators C_l, Abb. 32, die Gesamtkapazität und somit die Welle beliebig erhöhen:

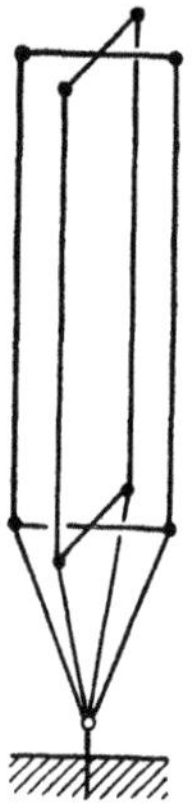

$$\lambda = 2\pi \cdot \sqrt{(C + C_l) \cdot L'}.$$

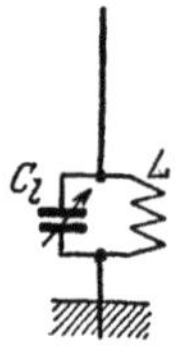

Der Rahmen soll in erster Linie durch Abgreifen der geeigneten Windungszahl abgestimmt werden. Außerdem kann man nach Abb. 27 eine Spule L und einen Kondensator C zum Verlängern einschalten. Verkürzen ist nicht möglich.

Abb. 31.

Abb. 32.

8. Schutzschaltungen.

Die im Freien gespannte Hochantenne ist nicht nur dem Feld des Senders, sondern auch dem elektromagnetischen Feld der Erde ausgesetzt, das gelegentlich, insbesondere während eines Gewitters, außerordentlich hohe Feldstärken annehmen kann und dann in der Lage ist, die Funkanlage und die bedienenden Personen zu beschädigen. Man wendet daher zur Abwendung solcher Gefahren die in der Meldetechnik seit langem bewährten Schutzmaßnahmen an, die aus einer selbsttätigen Sicherung gegen übermäßig hohe Spannungen und Ströme und einem Erdungsschalter bestehen, Abb. 33.

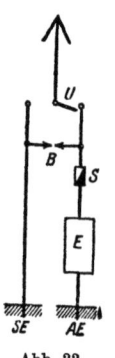

Abb. 33.

Wird die Antenne nicht gebraucht, so ist der Schalter U nach links zu legen, wodurch die Antenne unmittelbar geerdet wird. Vergißt man dies, so tritt bei hohen Spannungen die Funkenstrecke B in Tätigkeit und leitet die Ladungen zur Erde ab. Fließen trotzdem noch starke Ströme durch den Empfänger, so schmilzt die Sicherung S

und schaltet ihn ganz von der Leitung ab. Sowohl die Apparaterde AE wie die Schutzerde SE sollen möglichst geringen Widerstand haben. Beide können identisch sein. Zu beachten ist aber, daß die Schutzerde für einen gelegentlichen Blitzschlag, d. h. ziemlich kräftig bemessen sein muß.

C. Richtschaltungen.

1. Die Aufgabe.

Die vom Sender ausgestrahlten Wellen haben eine so hohe Frequenz (etwa 1 Million Perioden in der Sekunde), daß sie weder die Schallplatte des Hörers noch das Trommelfell im Ohr zum Schwingen bringen. Man muß erst eine **Frequenzumwandlung** durch einen Gleichrichter vornehmen, wobei die als Träger dienende Hochfrequenzwelle unterdrückt wird und die Schallschwingung wieder erscheint. Für den Rundfunk kommen als Gleichrichter nur die Kristalldetektoren und die Elektronenröhren in Frage, während der magnetische Detektor ganz ungebräuchlich ist, obwohl er den Vorteil einer Aufzeichnung der empfangenen Wellen bietet und geradezu unverwüstlich ist.

2. Der Kristalldetektor.

Für einfache Empfänger ist der Kristalldetektor das gegebene Gerät. Seine wirksame Stelle ist eine feine Metall- (manchmal auch Kristall-)spitze, die auf einem Kristall lose aufliegt. Entsprechend dem geringen Druck und Querschnitt ist der Widerstand der Berührstelle ziemlich groß — etwa einige 1000 Ohm —, und hieraus ergeben sich die Richtlinien für die Schaltung des Detektors und für die Wahl des Anzeigegeräts, das meist ein Telephon ist.

Grundsätzlich kann man Detektor und Hörer nach Abb. 34 oder 35 schalten. Dabei sind immer **zwei** Stromkreise zu unterscheiden: der eine — gestrichelte — führt **hochfrequenten** Wechselstrom, der von der Antenne als Stromquelle stammt, während der andere — ausgezogene — Kreis den vom Detektor gelieferten **tonfrequenten** Wechselstrom enthält. Beide Kreise sind ineinander geschachtelt, und es ist darauf zu achten, daß die Schaltungsteile des einen den andern Stromlauf nicht stören.

18 Richtschaltungen.

Der Kondensator, der im Nebenschluß zum Hörer liegt, Abb. 34, kann viel kleiner sein als in den Schriften angegeben wird. 1000 cm reichen immer aus, oft darf man ihn ganz weglassen, da die Kapazität der Klemmen, der Hörerlitze und der Spulenwicklung den Hochfrequenzstrom schon genügend leitet. In der Schaltung Abb. 35 dagegen darf er nicht fehlen, weil sonst der Tonfrequenzstrom durch die Spule links kurz geschlossen würde.

Die auf den Abb. 34 und 35 gezeichnete Spule, die irgendwie mit der Antenne gekoppelt sein mag, dient als Quelle, die den Detektor als Verbraucher mit Hochfrequenzstrom speist. Es ist bekannt, daß der Verbraucher den höchsten möglichen Energiebetrag aus einer Stromquelle herauszieht, wenn beide Widerstände gleich und die sonstigen Widerstände null sind. Die Spule muß daher eine solche Induktivität L haben, daß ihr Wechselstromwiderstand ωL, gerechnet mit dem der richtigen Wellenlänge entsprechenden ω, gleich dem Widerstand des Detektors ist.

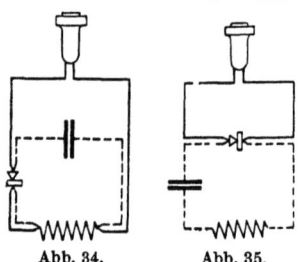

Abb. 34.   Abb. 35.

Anderseits dient der Detektor als Stromquelle für den Hörer. Auch sie müssen, gemessen mit Wechselstrom von Tonfrequenz, also etwa $f = 1000$ Hertz, gleiche Widerstände haben. Daher wird ein Hörer mit hohem Widerstand gewählt. Allerdings wird auf dem Hörer stets nur der mit Gleichstrom bestimmte Widerstand angegeben. Man kann annehmen, daß der Wechselstromwiderstand etwa 3- bis 5mal so groß ist.

Die Widerstandsanpassung braucht nicht genau erfüllt zu sein. Verhalten sich die Widerstände von Stromquelle und Verbraucher wie 1 : 2, dann merkt man kaum einen Unterschied der Lautstärke gegenüber richtiger Anpassung. Das Einstellen eines Detektors auf „höchste Empfindlichkeit" ist häufig nur ein Suchen nach der Widerstandsanpassung.

3. Die Elektronenröhre.

a) Die Röhre ohne Gitter. Zuverlässiger und bei geeigneter Schaltung viel empfindlicher als ein Kristalldetektor ist die Elektronenröhre. Ihre einfachste Schaltung als Gleichrichter zeigt

Abb. 19. Die Wirkung erkennt man am besten aus der Kennlinie, Abb. 36, die den Zusammenhang zwischen der Spannung U und der Stromstärke I darstellt. Es fließt nur Strom, wenn die kalte Elektrode Anode ist und die geheizte Elektrode Kathode. Der von der Antenne kommende Wechselstrom wird also zur Hälfte unterdrückt. Es fließt dann ein veränderlicher Gleichstrom, dessen Schwankungen den Hörer erregen. Man kann versuchsweise jede gewöhnliche Röhre hierzu verwenden, wenn man die Anodenbatterie entfernt und das Gitter mit der Anode kurz schließt.

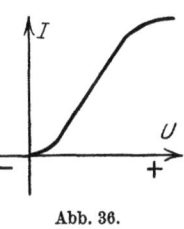

Abb. 36.

Der gleichgerichtete Strom ist um so stärker, je schärfer der Knick der Kennlinie im Schwingungsmittelpunkt ist. Man wird daher gut tun, eine kleine veränderliche Hilfsspannung (positiv oder negativ) mit dem Hörer in Reihe zu schalten, und den günstigsten Wert ausprobieren.

b) Die Röhre mit Gitter. Eine erhebliche Verbesserung erfährt die Schaltung, wenn man nach Abb. 37 die Spule L nicht an die Anode, sondern ans Gitter legt. Die Kennlinie des Anoden-

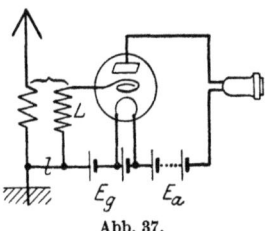
Abb. 37.

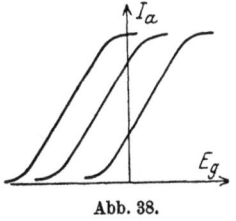
Abb. 38.

stroms I_a, abhängig von der Gitterspannung E_g, verläuft je nach der Höhe der Anodenspannung nach Abb. 38, also ganz ähnlich wie die Kurve Abb. 36, nur etwas nach links verschoben. Durch eine geeignete Gittergleichspannung E_g kann man den Arbeitspunkt in die Gegend des unteren Knicks der Kurve legen und so dieselbe Gleichrichtung bekommen wie bei der gitterlosen Röhre. Dadurch aber, daß man die Hochfrequenz dem stromlosen Gitter zuführt, benutzt man die Röhre zuerst als **Hochfrequenzverstärker** und dann als Gleichrichter. Die Verstärkung ist ganz erheblich. Sie wirkt vor allem deshalb so günstig, weil

2*

jeder Detektor „quadratisch" arbeitet, d. h. er gibt bei doppelter Wechselspannung den vierfachen Gleichstrom. Ein weiterer Vorteil ist, daß das stromlose Gitter der Antenne keine Energie entzieht, sie nicht dämpft. Die für den Betrieb des Hörers nötige Energie, die beim Kristall und der gitterlosen Röhre von der Antenne geliefert werden muß, wird jetzt von der Anodenbatterie E_a hergegeben. Den Vorgang nach Abb. 37 nennt man **Anodengleichrichtung**.

c) **Das Audion.** In der Schaltung Abb. 39 überträgt man die Gleichrichtung dem Knick der **Gitterstromkennlinie**, die ähnlich wie die Kurve des Anodenstroms verläuft. Nach dieser Gleichrichtung wirkt die Röhre als Verstärker des Tonfrequenzstromes.

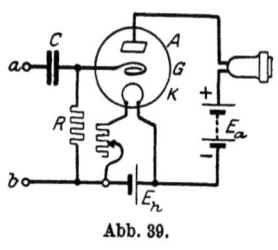

Abb. 39.

Die Leitungen a und b sind irgendwie mit der Antenne verbunden. Jedesmal, wenn das Gitter über die Leitung a positiv wird, nimmt es von K ausgehende Elektronen auf und ladet sich dadurch immer negativer; während der negativen Halbwelle der Antennenspannung geschieht nichts. Das negative Gitter drückt den Anodenstrom so lange herab wie der einlaufende Wellenzug dauert. Nach seinem Aufhören entladet sich das Gitter langsam über R, einen Widerstand von einigen Millionen Ohm. Bei einem Wellenzug geht die Schallplatte des Hörers einmal hin und her.

Das Audion ist der gebräuchlichste der drei Röhrengleichrichter, womit aber nicht ausgesagt ist, daß es der beste sei. Gerade die Amerikaner verwenden in ihren hochempfindlichen Geräten vielfach die Anodengleichrichtung. Man muß dabei die Anodenspannung etwas niedriger wählen als beim Audion, denn die Kennlinie darf nur so weit nach links wandern, daß ihr unterer Knick bei -1 bis -2 V Gitterspannung liegt. Das Audion dagegen soll bei derselben Gitterspannung im geraden Teil der Kennlinie arbeiten.

d) **Allgemeines über Röhrenschaltungen.** Der Heizkreis, Abb. 39, enthält gewöhnlich eine 4-Voltbatterie E_h und einen Regulierwiderstand, der für eine bestimmte Röhrenart bemessen ist, z. B. für die alten Röhren mit Wolframdraht. Benutzt man

Die Elektronenröhre.

nun Sparröhren mit Thor- oder Oxydkathode, die einen viel geringeren Heizstrom verbrauchen, dann ist der Widerstand zu klein und muß durch einen größeren ersetzt werden.

Selten findet man einen selbst regelnden **Eisenwiderstand** (in Glasröhrchen eingebaut), der in einem gewissen Spannungsbereich die Stromstärke unverändert hält. Eisenwiderstand und Heizfaden müssen zusammen passen.

Bei manchen Röhren ist es nicht gleichgültig, **auf welche Seite** man den Widerstand schaltet und wo man den Heizstrom mißt. Abb. 40 zeigt den Heizkreis allein. Der Heizstrom I_h fließt gegen den Sinn des Uhrzeigers. Der Röhrenstrom I_e ist durch die vier Pfeile dargestellt, die senkrecht auf der Kathode K stehen. I_e kann die Röhre durch die linke oder die rechte Heizleitung verlassen. Durch den Widerstand R_h wird I_e aber größtenteils zu der linken Leitung hin gedrängt. Das linke Ende des Heizdrahtes wird also nun nicht nur durch I_h, sondern auch

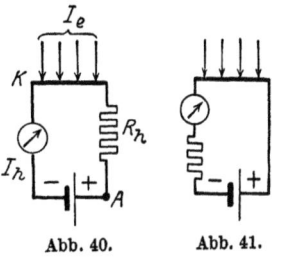

Abb. 40.   Abb. 41.

durch einen Teil von I_e geheizt. Um die Gefahr einer Überheizung zu vermeiden, muß man den Heizstrom **links** messen. Rechts wäre er erheblich kleiner, weil hier der andere Teil von I_e entgegen I_h fließt und nur $I_h - I_e'$ wirksam ist. Legt man den Widerstand wie in Abb. 41 auf die andere Seite, so fließt ein bedeutend geringerer Teil von I_e durch die linke Leitung, und die Überheizung wird ungefährlicher.

Beim Betrachten von Röhrenschaltungen in Lehrbüchern und Zeitschriften kann man Zweifel darüber haben, **an welche Stelle der Heizleitung die Gitter- und Anodenleitung anzuschließen sind.** I. a. ist es richtig, dem Gitter eine negative Vorspannung zu geben. Deshalb legt man die Gitterleitung an das negative Ende des Heizdrahtes oder der Heizstromquelle. Liegt der Heizwiderstand R_h zwischen dem negativen Batteriepol und dem Glühdraht, so kann man durch Anschluß an den negativen Batteriepol dem Gitter so viel negative Vorspannung geben, wie $I_h \cdot R_h$ beträgt. Die Anodenbatterie schließt man nach Belieben an. Verbindet man den $+$-Pol der Heizbatterie mit dem $-$-Pol der Anodenbatterie, so liegen beide Stromquellen in Reihe, und die Anodenspannung ist gleich der Summe beider.

Als wichtigen Grundsatz merke man sich, daß alle **Gleichstromquellen unmittelbar zusammengeschaltet werden und daß ein gemeinsamer Punkt zu erden ist.** So vermeidet man am besten Störungen durch die große Kapazität der Elementplatten. Ebenso soll man alle übrigen größeren Metallmassen erden, z. B. Transformatorgehäuse usw.

Ältere Batterien haben meistens **große innere Widerstände** oder sie leiden daran, daß ihr Widerstand sich während des Betriebes ändert. Die hieraus sich ergebenden Störungen vermeidet man ziemlich sicher, wenn man der Stromquelle einen großen Kondensator (mindestens $2\,\mu F$) nebenschaltet.

D. Das Verstärken.

1. Arbeitsweise und Schaltung der Röhre.

Zum Verstärken schwacher Wechselströme benutzt man heute ausschließlich **Elektronenröhren**, die, auf elektrostatischer Grundlage beruhend, alle mechanischen Verstärker in den Schatten stellen. Der Aufbau des Rohres ist derselbe wie beim Audion, jedoch spielt für die Wirkungsweise der Gitterstrom nur eine untergeordnete, ja vielfach schädliche Rolle.

Mißt man bei gleichbleibender Heizung den **Anodenstrom** I_a, während man die **Gitterspannung** E_g allmählich wachsen läßt, dann erhält man je nach der Höhe der Anodenspannung die Kurven Abb. 38. Diese steigen im mittleren Teil gerade an; hier ist jede Änderung der **Gitterspannung** mit einer genau entsprechenden Änderung des **Anodenstromes** verbunden. Das ist der Arbeitsbereich des Verstärkers. Er soll durch geeignete Wahl der Anodenspannung bei etwa -1 bis -2 Volt Gitterspannung liegen, weil dann der Gitterstrom ganz verschwindet und die schwache Stromquelle nicht belastet. Je höher die Anodenspannung ist, um so weiter wandert die Kurve nach links.

Die Grundzüge der **Schaltung** sind aus der Abb. 42 zu entnehmen. Für den **Heizkreis** gelten dieselben Überlegungen wie beim Audion, ebenso für die **Anodenleitung**. Das **Gitter** schließt man, um ihm die erforderliche negative Vorspannung

Arbeitsweise und Schaltung der Röhre. 23

zu erteilen, entweder fest oder wie auf Abb. 42 einstellbar, an den Heizstromregler an. Andere Möglichkeiten, negative Vorspannung ans Gitter zu bringen, zeigen die Schaltungen Abb. 43 und 44, von denen die erste eine feste Spannung ergibt, während die andere durch Verschieben der Gleitbürste eine Einstellung auf die günstigste Vorspannung bzw. größte Lautstärke ge-

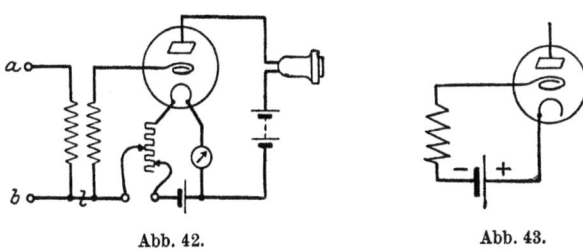

Abb. 42.   Abb. 43.

stattet. Schließlich läßt sich nach Schaltung 45 auch die Anodenbatterie zum Abgreifen einer negativen Gitterspannung benutzen. Man tue aber des Guten nicht zu viel. Lautsprecherröhren erfordern bis zu — 10 Volt am Gitter. Damit die Kennlinie so weit nach links rückt, muß man im Mittel für jedes Volt Zunahme der negativen Gitterspannung die Anodenspannung um 10 V erhöhen (genauer um das $1/D$-fache von E_a, wo D den „Durchgriff" bedeutet).

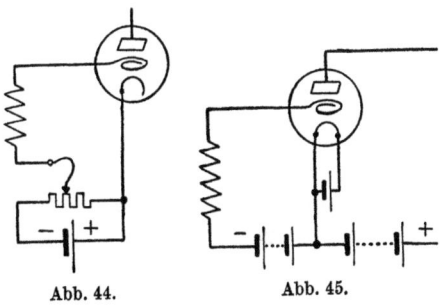

Abb. 44.   Abb. 45.

Es wurde schon gesagt, daß die Gitterspannung den Anodenstrom beeinflußt. Die Schaltung muß dementsprechend so aufgebaut werden, daß sie eine möglichst hohe Spannung ans Gitter liefert. Diesem Zweck genügt am besten ein Transformator, dessen beide Wicklungen in Abb. 42 links angedeutet sind. An seine Klemmen a und b wird die schwache Wechselstromquelle angeschlossen, während seine Sekundär- oder Oberspannungsseite das Gitter ladet. Die Leitung l, die beide Wicklungen verbindet, soll schädliche Kapazitäten kurz schließen. Sie darf aber nur angebracht werden, wenn keine andere

Röhre davor geschaltet ist, weil sonst die Anodenbatterie kurz geschlossen wird. In diesem Fall ersetzt man l durch einen Kondensator von einigen Mikrofarad.

Die Eigenschaften des Transformators sind für die gute Verstärkung ebenso wichtig wie die der Röhre. Da er die Widerstandsanpassung zwischen der schwachen Stromquelle und dem Gitterkreis der Röhre herbeiführen soll, so muß er die richtigen Windungszahlen bzw. die richtige Übersetzung haben. Die günstigste Wirkung, rein elektrisch betrachtet, erzielt man, wenn man den Transformator in Resonanz mit der Frequenz des zu verstärkenden Wechselstromes schwingen läßt. Je nach der Dämpfung des Transformators wird dabei ein verhältnismäßig schmales Frequenzband verstärkt. Alle andern Ströme werden abgewiesen. Ist der Transformator für Hochfrequenz bestimmt, so ist eine scharfe Resonanz mit geringer Dämpfung sehr erwünscht, weil man so von Störern gut frei kommt. Soll der Transformator aber Ströme von Tonfrequenz verstärken, so ist die Resonanz meistens unerwünscht, weil die Sprache aus einer großen Anzahl von Schwingungen der verschiedensten Wellenlängen bzw. Frequenzen besteht, und es wäre ein grober Fehler, wenn ein Teil davon begünstigt, ein anderer Teil vernachlässigt würde. Nur bei Telegraphieempfang, wo die Zeichen stets in derselben Tonhöhe ankommen, ist die Resonanz von Vorteil, weil sie hier wieder zur schärferen Aussiebung von Störungen beiträgt.

Die Resonanz des Transformators kann man durch Nebenschalten eines Kondensators zur Sekundärseite absichtlich herbeiführen. Sie tritt aber häufig schon von selbst ein, da die Wicklung Kapazität besitzt.

In manchen Fällen ist es von Vorteil, den Hörer über einen Transformator (mit Eisenkern) an die Röhre anzuschließen, z. B. um von der hohen Anodenspannung freizukommen, um den Gleichstrom abzutrennen usw. Wie schon erwähnt, müssen zwecks größter Leistungsausbeute Erzeuger und Verbraucher gleiche Widerstände haben. Ist dies nicht der Fall, so schaltet man einen Transformator ein, der diese Bedingung erfüllt. Meistens baut man aber den Hörer passend zu den Röhren, so daß kein Transformator nötig wird. Das ist auch aus dem Grund zu begrüßen, weil nach des Verfassers Kriegserfahrungen gerade der Endtransformator leicht durchschlägt.

2. Mehrröhrenverstärker.

Genügt eine Röhre zur Verstärkung nicht, so muß man mehrere in Reihe schalten. Es liegt nahe, nach dem Muster einer Reihenschaltung von Transformatoren, Abb. 46, die Röhren entsprechend Abb. 47 zu schalten. Ob mit dieser Schaltung schon

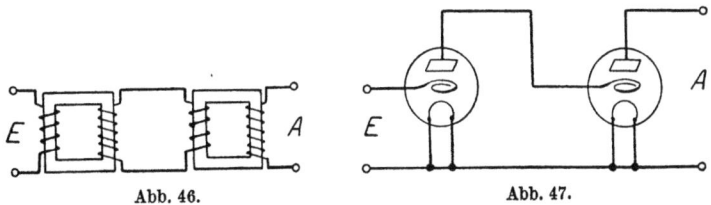

Abb. 46. Abb. 47.

Erfolge erzielt worden sind, ist dem Verfasser nicht bekannt. Schwierigkeiten dürfte es machen, die Widerstände und Vorspannungen richtig anzupassen.

Es hat sich als nötig erwiesen, zwischen die Röhren Übertragungsglieder zu schalten, die man je nach der Frequenz des zu verstärkenden Wechselstroms verschieden wählt.

Abb. 48 zeigt eine bei Tonfrequenz übliche Schaltung, bei der Transformatoren mit Eisenkernen als Zwischenglieder dienen. Der Eingangstransformator mit den Klemmen a und b dient der

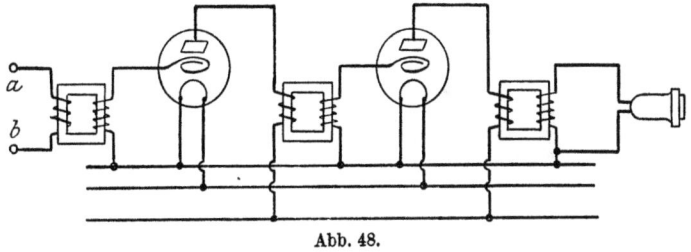

Abb. 48.

Anpassung an die schwache Stromquelle, ein anders übersetzter Zwischentransformator vermittelt zwischen den Röhren, und schließlich ist noch ein Ausgangstransformator vorgesehen. Für die Übersetzung kann als angenäherte Richtlinie gelten, daß man zwischen Detektor und Röhre etwa 1 : 5 oder höher übersetzt, zwischen zwei Röhren 1 : 2 oder 1 : 3, zwischen Röhre und Hörer etwa 3 : 1. Die Schaltung Abb. 48, die der Einfachheit wegen für zwei Röhren gezeichnet wurde, läßt sich auf beliebig viele Röhren erweitern. Man beachte aber, daß die Empfindlichkeit einer Vielröhrenschaltung gegen Störungen außerordentlich groß ist, und gehe nicht über 3 Röhren hinaus. Zum mindesten wechsle man das System und schalte etwa 3 Röhren als Hoch-

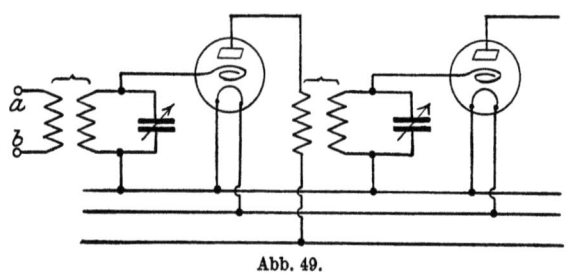

Abb. 49.

frequenz- und 3 als Tonfrequenzverstärker, wobei jede Gruppe am besten eigene Stromquellen erhält.

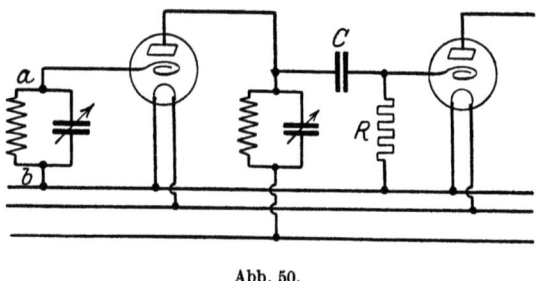

Abb. 50.

Störungen wie unregelmäßige Geräusche und Heulen, die von zu hohem Widerstand oder sonstigen schlechten Eigenschaften der Anodenbatterie herrühren, kann man durch einen großen Kondensator von mindestens 2, besser 10 Mikrofarad parallel zur Batterie unterdrücken. Die Pfeifneigung läßt sich gelegentlich dadurch herabsetzen, daß man die Klemme a oder b an den negativen Pol der Heizleitung anschließt. Das geht aber nicht und ist auch nicht nötig, wenn ein Audion vor dem Verstärker liegt. Demselben Zweck dient die Verbindung des Hörerkreises mit der Heizung.

Dieselbe Schaltung Abb. 48, jedoch mit Transformatoren ohne Eisenkern, eignet sich auch für Hochfrequenz. Hier ist es zweckmäßig, in Resonanz zu arbeiten, weil dann die Widerstandsanpassung leichter erreicht wird. Insbesondere kann man den Verstärker als Schaltung mit Zwischenkreisen ausbilden, Abb. 49. Die Spule selbst vermöge ihrer Windungskapazität auf Resonanz zu wickeln ist möglich; jedoch müßte man dann für jede Welle eine besondere Spule haben, was sich praktisch nicht durchführen läßt. Man schaltet daher Abstimmkondensatoren parallel. Die Antenne und die Erde sind an die Klemmen a und b anzuschließen. Etwa gleichwertig ist die Schaltung 50, bei der man auf die Transformation verzichtet hat, um die Unbequemlichkeit in Kauf zu nehmen, daß man das Gitter durch einen Kondensator C von der Anodenspannung der vorhergehenden Röhre trennen und durch einen Widerstand R entladen muß.

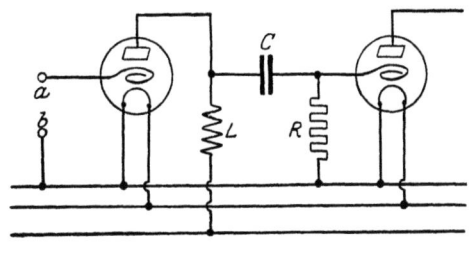

Abb. 51.

Das Abstimmen führt zu Schwierigkeiten, sobald mehrere Zwischenkreise vorhanden sind und die Welle oft gewechselt wird. Auch besteht die Gefahr des Selbstschwingens. Man verzichtet dann auf die

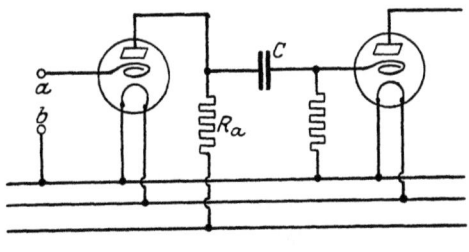

Abb. 52.

genaue Abstimmung und auch auf die Spannungserhöhung durch Transformatoren und baut in die Anodenleitung nur Drosselspulen L ein, Abb. 51, deren Klemmenspannung das Gitter der nächsten Röhre steuert. Der induktive Widerstand ωL der Spule von Abb. 51 bzw. der Resonanzwiderstand L/CR des Sperrkreises von Abb. 50, berechnet für die aufzunehmende Wellenlänge, soll groß sein gegen den inneren Widerstand der Röhre, damit die weiter zu leitende Spannung möglichst hoch wird.

Wünscht man eine noch größere Unabhängigkeit von der Wellenlänge bzw. Frequenz, so ersetzt man die Spule durch einen

Ohmschen Widerstand R_a, Abb. 52, der ebenfalls groß sein soll gegen den inneren Widerstand der Röhre zwischen Kathode und Anode. Für solche Verstärker mit Widerstandskopplung werden neuerdings eigene Röhren mit besonders hoher Spannungsverstärkung gebaut. In dieser Schaltung, die für alle Frequenzen brauchbar ist, kommt nur noch der Kondensator C als frequenzempfindliches Glied vor. Für die Rundfunkwellen genügen 200 cm, für längere Wellen nimmt man C entsprechend größer.

Ganz frei von jeder Frequenzempfindlichkeit wird man erst dann, wenn man jeder Röhre eigene Stromquellen gibt und nach Abb. 53 schaltet. Die an R_a herrschende Wechselspannung steuert auch hier das Gitter. Da aber der Kondensator C fehlt, so wirkt auf das Gitter auch die Gleichspannung an R_a, zu deren Aufhebung eine besondere Gitterbatterie B_g (kleine Trockenelemente) nötig ist, deren EMK ungefähr die Größe haben muß:

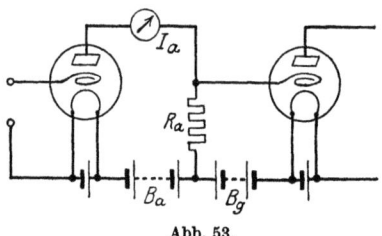

Abb. 53.

$$E_g = I_a \cdot R_a.$$

Ein Nachteil der Schaltung 53 besteht darin, daß die Kathode der zweiten und jeder folgenden Röhre ein immer höheres positives Potential bekommt, das eine gute Isolation erfordert. Diesem Potentialzuwachs kann man entgehen, wenn man die Stromquellen B_a und B_g unmittelbar vor die Anode bzw. das Gitter legt. Dann ist es sogar möglich, mit gemeinsamer Heizung zu arbeiten. Der Nachteil liegt nun darin, daß die großen Flächen der Batterien einen ganz bedeutenden kapazitiven Erdschluß herbeiführen, der sich besonders bei Hochfrequenz unangenehm bemerkbar macht.

Andere Schaltungen, die die Frage noch nicht erschöpfen, sind in den Abb. 54 bis 57 dargestellt. Auch sie leiden, sofern die Batterien unmittelbar an der Anode oder am Gitter liegen, an dem Fehler des kapazitiven Erdschlusses. Wohl die beste Schaltung dürfte die Abb. 56 sein. Um dies zu erkennen, betrachte man die Abb. 58. Die Wechselspannung von R_a soll dem nächsten Gitter zugeführt werden. Der Anodengleichstrom erzeugt aber in R_a auch eine Gleichspannung, deren Polarität in Abb. 58

Mehrröhrenverstärker. 29

durch + und — bezeichnet ist. Das Gitter wird somit stark negativ vorgespannt, stärker als erwünscht ist. Diese negative Vorspannung kann man nach Abb. 53 durch eine Gitterbatterie B_g so weit aufheben, daß der gewünschte Betrag, etwa —1 V, übrigbleibt. Einfacher ist es, nach Abb. 56 die Gegenspannung von der Anodenbatterie abzugreifen, da diese ja der Klemmenspannung von R_a entgegenwirkt.

Von einem ganz anderen Gesichtspunkt aus sucht die Abb. 59 die Schwierigkeiten zu überwinden. Hier wird die altbekannte Brückenschaltung angewandt, um das Gitter der folgenden Röhre hinsichtlich des Gleichstromes angenähert auf dasselbe Potential zu bringen wie die Kathode der vorhergehenden Röhre. Der von der ersten Röhre erzeugte Wechselstrom liefert an R_a einen Spannungsabfall, der, abgesehen von einem unbedeutenden Verlust in R_c, auf das nächste Gitter wirkt. Durch Ver-

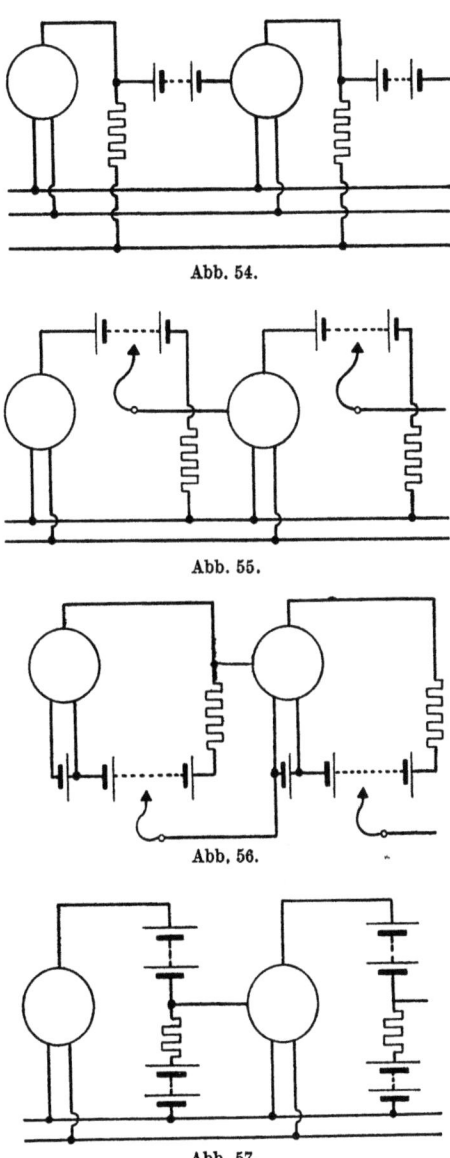

Abb. 54.

Abb. 55.

Abb. 56.

Abb. 57.

ändern von R_b/R_c kann man ihm jede beliebige Vorspannung geben.

Zum Schluß sei nochmals der **Grundgedanke** betont, dem alle Schaltungen sich unterordnen müssen. Die **Ladung des Gitters auf wechselnde Spannungen erzeugt im Anodenkreis einen verstärkten Wechselstrom.** Die letzte Röhre gibt ihren verstärkten Strom an einen Verbraucher ab. Damit dieser Strom möglichst stark wird, muß man mit allen verfüg-

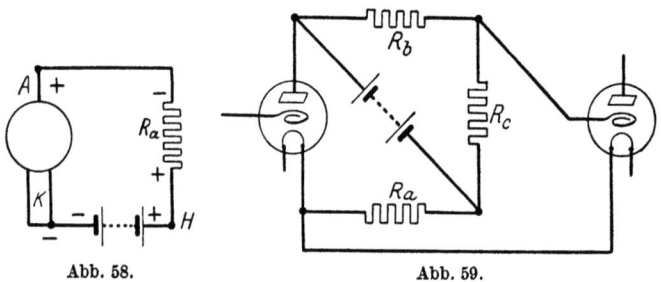

Abb. 58. Abb. 59.

baren Mitteln die **steuernde Gitterspannung der letzten Röhre erhöhen.** Diesem Ziel dienen alle vorgeschalteten Röhren, Transformatoren und anderen Teile. Bei ihrer Auswahl muß also immer auf Spannungsgewinn geachtet werden. Die vorgeschalteten Röhren haben daher eine andere Aufgabe als die Endröhre, und man ist in letzter Zeit dazu übergegangen, den verschiedenen Zwecken entsprechend verschiedene Röhren zu bauen: Vorröhren für die Spannungsverstärkung und Endröhren für die Stromverstärkung. Sache der Schaltung ist es, die Eigenschaften der Röhren voll auszunutzen.

3. Anwendungsbereich.

Es ist schließlich zu überlegen, wie man einen Verstärker schalten soll, wenn eine bestimmte Aufgabe vorliegt. In Frage kommt vor allem das **Heranholen sehr leisen Fernempfangs,** so daß er im Kopfhörer genügend laut und vollkommen verständlich wird, und das **Verstärken eines im Kopfhörer genügenden Empfanges für Lautsprechervorführung** im Zimmer oder Saal. Als Grundlage der Beantwortung ist das Verhalten der Gleichrichter (Detektor, Audion) festzustellen. Es zeigt sich, daß der Gleichrichter bei geringer Lautstärke erheblich schlechter arbeitet als bei großer, daß seine Wirksamkeit etwa quadratisch abnimmt, weshalb man auch manchmal von einer Reizschwelle spricht, was aber ein unrichtiger Ausdruck ist, da der Gleichrichter auch bei schwächster Energie noch gleichrichtet.

Bei der Aufnahme sehr schwachen Empfanges ist es sonach zweckmäßig, zunächst die von der Antenne oder vom Rahmen aufgefangenen Hochfrequenzströme so weit zu verstärken, daß sie für Kopfhörer ausreichen, und dann dem Gleichrichter zuzuführen.

Wünscht man Lautsprecherbetrieb, dann empfiehlt es sich, nachdem man im Kopfhörer genügend starken Empfang erreicht hat, die große Strom- und Lautstärke durch Tonfrequenzverstärker hinter dem Gleichrichter herauszuholen, weil sonst die Gefahr vorliegt, daß der Gleichrichter überlastet wird und den Klang verzerrt. Für besonders laute Wiedergabe werden Lautsprecherröhren gebaut, die in der gewöhnlichen Schaltung benutzt werden und sich durch hohen Sättigungsstrom auszeichnen.

4. Doppelgitterröhren.

Vor den gewöhnlichen Röhren haben die Doppelgitterröhren entweder den Vorteil höherer Verstärkung oder niederer Anodenspannung voraus. Sie werden für zwei verschiedene Schaltungen gebaut, je nach der Aufgabe, die das Hilfsgitter zu erfüllen hat.

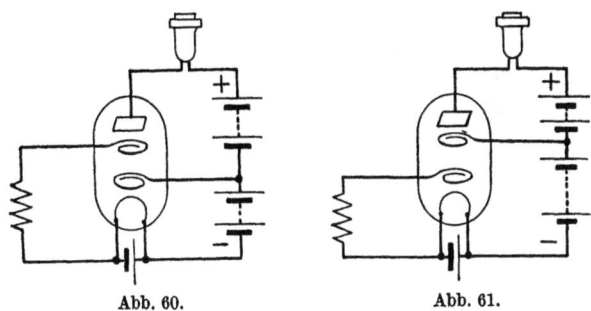

Abb. 60.   Abb. 61.

Bringt man nach Abb. 60 das der Kathode zunächst liegende Gitter auf eine konstante positive Spannung, so saugt es die Raumladung vom Heizdraht weg und heißt daher Raumladungsgitter. Das andere Gitter wird wie das Gitter der gewöhnlichen Röhren angeschlossen.

Hält man das der Anode zunächst liegende Gitter auf konstanter positiver Spannung, Abb. 61, so verringert man den Einfluß der Anode auf die Elektronenbewegung oder, anders ausgedrückt, man erhöht den inneren Widerstand. Das ist i. a., abgesehen von der Widerstandskopplung, unerwünscht, und

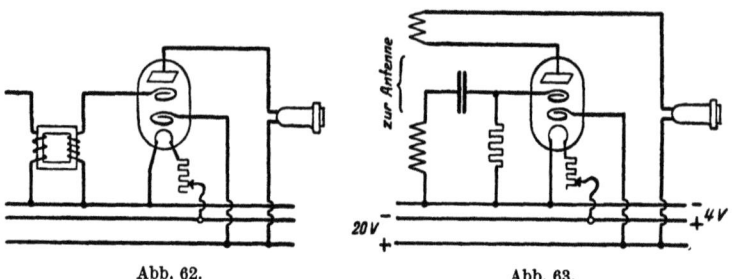

Abb. 62.   Abb. 63.

daher verwendet man die Röhre mit Anodenschutzgitter seltener.

Ein Rohr von ganz besonderen Eigenschaften ist das Dreigitterrohr von Siemens & Halske, das versuchsweise hergestellt wurde.

Man kann die Mehrgitterröhren ebensogut als Verstärker wie als Gleichrichter benutzen. Die Schaltung ist grundsätzlich dieselbe wie bei Eingitterröhren, es ist lediglich das Hilfsgitter an einen Teil der Anodenbatterie, etwa 10 bis 20 V, anzuschließen. Als Beispiele sind die Schaltungen 62 (Tonfrequenzverstärker) und 63 (rückgekoppeltes Audion) mitgeteilt.

5. Sparschaltungen.

Die unangenehme Tatsache, daß man für den Anodenkreis eine eigene Stromquelle braucht, noch dazu von hoher Spannung (50—100 V), hat zum Ersinnen von Schaltungen geführt, bei denen man die Anodenbatterie vermeidet. An jeder Elektronenröhre kann man feststellen, daß sie auch mit geringerer Anodenspannung, z. B. 30 V, noch befriedigend arbeitet. Ja sogar bei 10 V wird man noch Empfang haben, aber bereits viel leiser als bei normaler Spannung. Die geringe Spannung, die man zu einem notdürftigen Betrieb braucht, kann man der Heizbatterie entnehmen, wenn man auf Abb. 40 die Anodenleitung an den Punkt A anlegt. Die Anodenspannung ist dann gleich der Spannung der

Heizstromquelle. Es hindert nichts, die Heizspannung und damit die Anodenspannung beliebig hoch zu wählen, wenn man nur durch einen geeigneten Widerstand R_h, Abb. 40, den Glühdraht schützt. Der Vorteil — Ersparnis der zweiten Stromquelle — wird durch den starken Stromverbrauch der einzigen Stromquelle mehr als aufgewogen.

Eher gelingt es bei Doppelgitterröhren, die bei gleicher Verstärkung geringere Anodenspannung als Eingitterröhren brauchen, ohne Anodenspannung auszukommen, obwohl man auch hier stets bessere Ergebnisse mit einer passend gewählten Batterie haben wird. In den Schaltungen 62 und 63 läßt man die Anodenbatterie einfach weg, so daß die beiden unteren Leitungen zusammenfallen. Der Heizwiderstand muß dann zwischen dem Glühdraht und dem positiven Pol der Heizbatterie liegen wie auf Abb. 40.

Die Sparröhren bedeuten schalttechnisch nichts Neues. Jedoch ist wegen ihrer geringen Stromaufnahme ein größerer Widerstand vorzuschalten. Da sie gegen Überheizung empfindlich sind, sollte man stets den Heizstrom oder noch genauer die Heizspannung durch ein Drehspulgerät beobachten. Wenn man damit 2 Sparröhren rettet, dann sind die Kosten des Meßgeräts fast gedeckt.

6. Doppelverstärkung.

Die Röhrenkennlinie Abb. 38 hat eine Höhe von 3—5 mA. Davon wird aber im Verstärker i. a. nur ein kleiner Teil ausgenutzt. Es liegt daher der Gedanke nahe, dieselbe Röhre mehrfach zur Verstärkung heranzuziehen, sofern es nur gelingt, die verstärkten Ströme wieder richtig zu trennen. Bei Wechselströmen ist das möglich, wenn die Frequenzen der einzelnen Ströme genügend weit

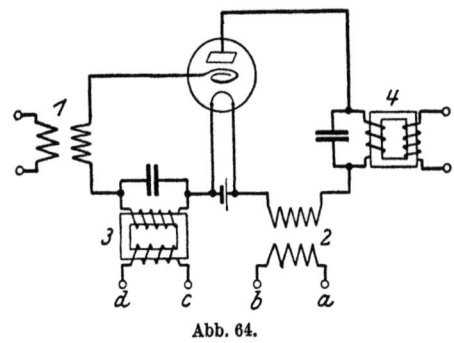

Abb. 64.

auseinander liegen. Praktisch handelt es sich dabei meistens um Tonfrequenz, also das Gebiet um 1000 Perioden in der

Sekunde herum, und um Hochfrequenz, etwa 10^5 bis 10^6 ∼/s. Die Anordnung, Abb. 64 und 65, ist dabei sehr einfach. Im Gitterkreis liegen 2 Eingangstransformatoren, *1* und *3*, der eine mit Eisenkern für Tonfrequenz und der andere ohne Eisen für Hochfrequenz. Ebenso ist es auf der Ausgangsseite im Anodenkreis. An den Transformator *4* wird der Hörer angeschlossen. Auf Abb. 64 sind die beiden Transformatoren jeweils in Reihe, auf Abb. 65 nebeneinander geschaltet. Durch Anbringen von kapazitiven Nebenschlüssen sind in der ersten Schaltung die Tonfrequenztransformatoren für den Hochfrequenzstrom überbrückt, während in der zweiten Schaltung kleine Kondensatoren den Hochfrequenzkreis für tonfrequente Ströme sperren und eisenlose Drosselspulen *D* den Hochfrequenzstrom am Eindringen in

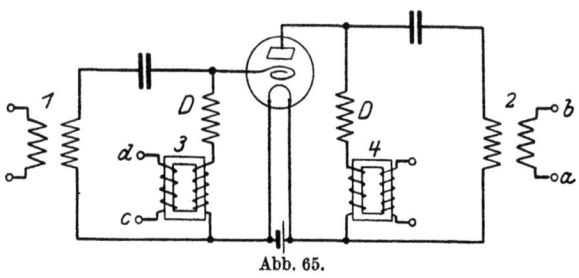

Abb. 65.

die Eisentransformatoren hindern. Die Drosselspulen wählt man am besten so, daß ihre Eigenwelle der abzusperrenden Welle gleich ist, und stimmt nötigenfalls mit einem parallel geschalteten Kondensator nach; für die Kondensatoren der Schaltung 65 genügen etwa 200 cm, auf 64 können sie fehlen, wenn die Transformatorwiklungen genügend Kapazität haben. Die Anodenbatterie und der Heizwiderstand sind als ganz selbstverständlich nicht gezeichnet.

In der Funkpraxis wird die eben beschriebene Doppelverstärkungsschaltung dazu benutzt, den von der Antenne kommenden Hochfrequenzstrom und nach der Gleichrichtung den Tonfrequenzstrom zu verstärken. Der Strom tritt dabei durch den Transformator *1* in den Verstärker ein und verläßt ihn bei *2*, durchläuft einen Gleichrichter (Kristall, Audion), kommt über *3* wieder herein und verläßt ihn endgültig über *4*, um den Hörer zu speisen. Bei Anwendung eines Detektors ist dann die Schaltung 64 oder 65 entsprechend 66 zu vervollständigen. Ein Audion kann man nach Abb. 67 zwischenschalten, wobei Heiz- und Anodenbatterie gemeinsam benutzt werden dürfen. Auch die später zu erwähnende Rückkopplung läßt sich anwenden.

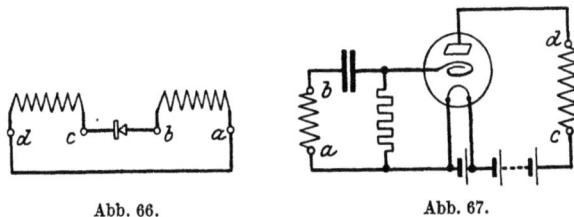

Abb. 66.   Abb. 67.

Stark schematisiert kann man den Weg der Energie von der Antenne A über die Röhre R zum Gleichrichter G (Hochfrequenz,

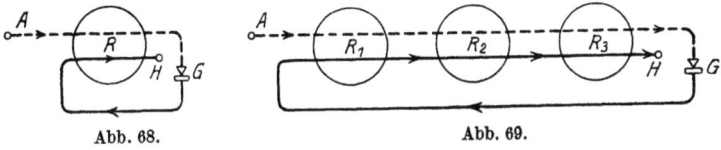

Abb. 68.   Abb. 69.

gestrichelt) und wieder über die Röhre R zum Hörer H (Tonfrequenz, ausgezogen) durch die Abb. 68 darstellen.

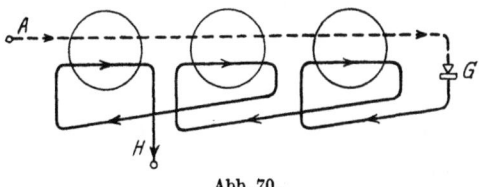

Abb. 70.

Für mehrere Röhren ist die Anordnung nach Abb. 69 anwendbar. Sie leidet aber an dem Nachteil, daß die letzte Röhre R_3 sowohl den stärksten Hochfrequenz- wie auch den stärksten Tonfrequenzstrom führt, was leicht zu Verzerrungen im krummen Teil der Kennlinie Anlaß gibt. Daher leitet man die Energie lieber nach Abb. 70, wo die erste Röhre den schwächsten Hochfrequenz- und stärksten Tonfrequenzstrom führt.

7. Das Parallelschalten von Röhren.

Das Ziel der Verstärkung kann eine Erhöhung der Spannung oder eine Erhöhung der Stromstärke sein. Maßgebend ist letzten

Endes weder das eine noch das andere, sondern die Leistung. Denn da am Ende eine Leistung abgegeben werden soll, sei es im Kopfhörer oder z. B. in einem Relais, so muß diese Leistung im Anodenkreis der letzten Röhre zur Verfügung stehen. Die Leistung ist bekanntlich das Produkt aus Stromstärke und Spannung. Ihrer Natur nach ist die Elektronenröhre ein Gerät, das auf Spannungsschwankungen mit Stromänderungen anspricht. Zwischen beiden besteht im geraden Teil der Kennlinie ein gleichbleibendes Verhältnis. Soweit es der gerade Teil der Kennlinie zuläßt, wird man daher zunächst die Spannungsschwankungen am Gitter, die von dem zu verstärkenden Wechselstrom herrühren, so groß wie möglich machen, indem man einen geeignet übersetzten Transformator vorschaltet. Läßt sich hiermit keine genügende Aussteuerung des Anodenstroms erzielen, so schaltet man abwechselnd Transformatoren und Röhren in Reihe.

Nun ist der Fall denkbar, daß die hiermit erzeugte verstärkte Leistung noch nicht ausreicht, um den Lautsprecher genügend stark zu erregen. In diesem Fall wird man mit dem Gedanken umgehen, eine leistungsfähigere Röhre zu verwenden. Dabei muß man aber die unangenehme Beigabe in Kauf nehmen, daß, abgesehen vom höheren Preis, diese Röhre eine bedeutend höhere Anodenspannung erfordert. Sofern es sich nur um eine mäßige Leistungssteigerung handelt, etwa auf das Doppelte, kann man sich helfen durch Verwendung zweier kleinen Röhren statt einer großen. Waren die vorgeschalteten Röhren alle zwecks Spannungserhöhung für den Wechselstrom in Reihe geschaltet, so werden die Endröhren nunmehr zwecks Stromverstärkung parallel geschaltet.

Bei diesem Wechselstrom-Parallelbetrieb sind 4 grundsätzliche Schaltungen möglich, Abb. 71—74. Die Schaltungen 71 und 72 arbeiten im Gleichtakt, d. h. beide Gitter werden gleichzeitig positiv, gleichzeitig negativ usw.; entsprechend arbeiten die Anoden. Die Schaltung 71 kann man sich dadurch entstanden denken, daß man zu einer bereits vorhandenen Röhre eines Verstärkers eine zweite parallel schaltet. Sind die Röhren genau gleich, so werden sie einwandfrei arbeiten. Die Schaltung 72 läßt sich in ähnlicher Weise aus einer vorhandenen Einröhrenschaltung ableiten, wenn man den Gitter- und Anodenkreis unterbricht und die zweite Röhre an diesen Stellen in Reihe einschaltet. Die Unterteilung der Spulen und die gestrichelten Verbindungen sind nicht notwendig. Ein Nachteil ist, daß alle Stromquellen doppelt vorhanden sein müssen. Infolgedessen ist die Schaltung 72 in der Praxis nicht zu finden.

Die Schaltungen 73 und 74 arbeiten im Gegentakt, wobei stets das eine Gitter positiv ist, wenn das andere negativ ist, und umgekehrt. Von diesen beiden ist die Reihenschaltung 74 die gebräuchlichere. Sie ist als push-pull-Schaltung bekannt.

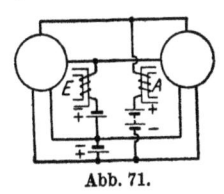

Abb. 71.

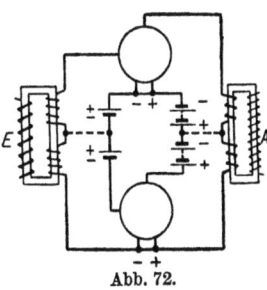

Abb. 72.

Hier müssen die Mittelpunkte der Gitter- und Anodenspule zugänglich sein. Wenn dies nicht möglich ist, dann kann man sich durch einen nebengeschalteten Spannungsteiler helfen. Abb. 75 zeigt die Spannungsteilung mit Hilfe zweier

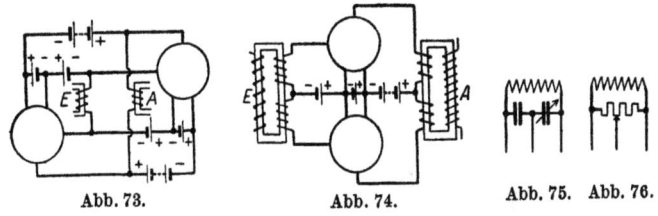

Abb. 73.   Abb. 74.   Abb. 75. Abb. 76.

Kondensatoren, von denen der eine regelbar sein muß. Man wähle die Kondensatoren so klein, daß sie die Abstimmung nicht stören. Nach Abb. 76 läßt sich auch ein Widerstand verwenden, der aber genügend groß zu wählen ist, damit er die Dämpfung nicht merklich erhöht. Natürlich kann man auch zwei gleiche Spulen (Transformatoren) in Reihe schalten.

Für die Gegentakt-Reihenschaltung werden besondere Transformatoren hergestellt, die eine durchgehende und eine angezapfte Wicklung besitzen, wie Abb. 74 zeigt. Verwendet man statt ihrer in Reihe geschaltete Einzeltransformatoren, so muß man sorgfältig auf richtige Polung achten.

Die von den Stromquellen kommenden Gleichströme umfließen das Transformatoreisen in entgegengesetztem Sinn, so daß keine Vormagnetisierung des Eisens eintritt, was mit Rücksicht auf Verzerrungsmöglichkeiten sehr zu begrüßen ist. Nicht nur die Wirkungen der Dauergleichströme, sondern auch Stromschwankungen, die beim Netzanschluß unvermeidlich sind, heben sich durch die gegenläufige Magnetisierung vollständig auf. Die Gegentaktschaltung ist daher die ideale Schaltung für Netzanschluß.

Die Gegentakt-Nebenschaltung läßt sich mit einfachen Spulen bzw. Transformatoren aufbauen. Dagegen sind doppelte Stromquellen nötig, wie Abb. 73 zeigt.

Ein Nachteil der Schaltungen 72 und 73 besteht darin, daß die Anoden und Gitter durch den unmittelbaren Anschluß von Stromquellen kapazitiven Erdschluß bekommen, der sich in Pfeifen, geringer Verstärkung und anderen Störungen äußert.

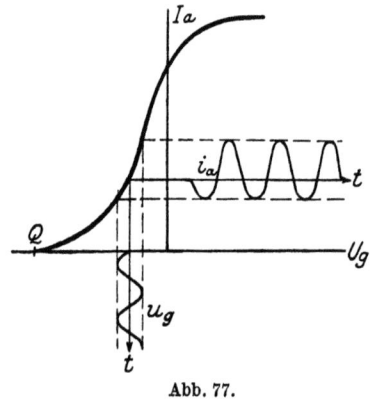

Abb. 77.

Da es sich bei diesen Schaltungen darum handelt, aus den Röhren das Äußerste an Verstärkung herauszuholen, so muß man die Anodenspannung so hoch wählen, daß die ganze Kennlinie im Bereich negativer Gitterspannung liegt. Nur dann bleibt das Gitter und der vorgeschaltete Transformator bzw. die schwache Stromquelle stromlos. Das gilt aber auch sonst, wenn man eine Verstärkerröhre voll aussteuern will. Und ebenso wie bei jeder andern Verstärkerschaltung wird man hier darauf achten, daß die Ruhespannung des Gitters genau in die Mitte der Kennlinie fällt. Von hier aus verläuft die Kennlinie nach beiden Seiten ziemlich gerade und ebenmäßig, so daß man eine formgetreue Verstärkung erwarten darf. Hinsichtlich der Verzerrungsfreiheit sind die Gegentaktschaltungen den Gleichtaktschaltungen überlegen. Durch falsche Wahl der Gittervorspannung, z. B. nach Abb. 77, kann die ursprüngliche Sinuskurve u_g der Gitterspannung eine stark verzerrte Anodenstromkurve i_a hervorrufen. Läßt man die zweite Röhre im Gleichtakt arbeiten, so ergibt sich nochmals dieselbe verzerrte Kurve und ein unbefriedigender Empfang. Wirkt aber die zweite Röhre im Gegentakt, so trifft immer die hohe Halbwelle der einen Röhre mit der niedrigen Halbwelle der anderen zusammen. Ihre Summe ist dann eine Kurve mit gleichen positiven und negativen Amplituden, und der Empfang ist wieder rein. Für Gegentaktschaltungen ist es somit ziemlich gleichgültig, wie hoch man die Gittervorspannung wählt. Bedingung ist nur, daß die positiven Wechselspannungsamplituden niemals das gesamte Gitterpotential positiv machen dürfen.

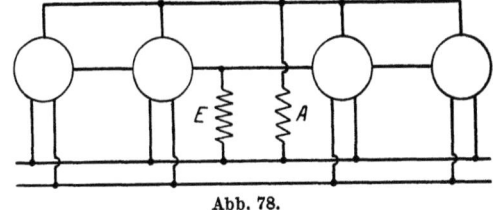

Abb. 78.

Durchaus einwandfrei ist es anderseits, die Gittervorspannung etwa nach dem Punkt Q, Abb. 77, zu legen. Dann wird immer abwechselnd die eine und danach die andere Röhre arbeiten. In der Praxis ist es am besten, zunächst an Hand der Kennlinie die richtige Anodenspannung zu

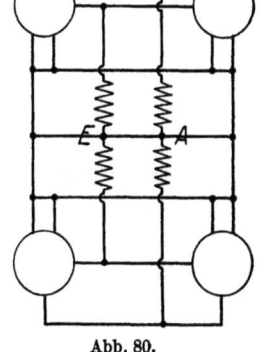

Abb. 79.   Abb. 80.

wählen und dann die geeignete Gitterspannung durch den Versuch festzustellen.

Die Schaltungen 71 bis 74 eignen sich nicht nur für Verstärker, sondern auch für alle anderen Röhrenkreise, z. B. für Gleichrichter, Schwingungserzeuger usw.

Handelt es sich darum, eine ganz außergewöhnlich hohe verstärkte Leistung zu erzielen, so kann man statt 2 auch 4 oder

40   Das Erzeugen (und Unterdrücken) von Schwingungen.

noch mehr Röhren zusammenschalten. Dabei ist es möglich, die besprochenen vier Schaltungen in beliebiger Weise zusammenzusetzen, indem man z. B. zu jeder Röhre eine zweite parallel

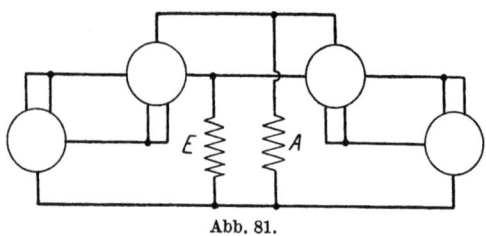

Abb. 81.

schaltet. Wie man die Gleichtakt-Nebenschaltung 71 mit sich selbst und den anderen Schaltungen kombiniert, zeigen die Abb. 78 bis 81, von denen die Schaltungen 78 und 80 mit Rücksicht auf die Lage der Batterien die günstigsten sind. Jeweils deutet E den Eingangs-, A den Ausgangstransformator an.

E. Das Erzeugen (und Unterdrücken) von Schwingungen.

1. Durch Maschinen allein.

Die in der Starkstromtechnik gebrauchten elektrischen Schwingungen (Wechselstrom) werden ausschließlich mit Maschinen erzeugt. Man könnte daher auf den sehr naheliegenden Gedanken kommen, auch für die Funktechnik Maschinen zu verwenden. Diese beruhen auf der Induktionserscheinung, wonach in einem Draht eine Emk entsteht, wenn er sich in einem Magnetfeld bewegt. Beim Vorübergehen an 1 Polpaar (1 Nord- und 1 Südpol) durchläuft der induzierte Strom eine Periode (1 Welle). Um eine Welle von $\lambda = 300$ m Länge zu erzeugen, müßte der Draht in 1 Sekunde an 1 Million Polpaare vorbeigeführt werden. Das ergibt bei den allerkleinsten Abmessungen so außerordentlich hohe Geschwindigkeiten, daß kein Baustoff der dabei auftretenden Fliehkraft gewachsen ist. Für die Funkpraxis kommt daher die Erzeugung von Wechselstrom in Maschinen nicht in Betracht.

2. Durch Maschinen mit Frequenzwandlern.

Von Goldschmidt, Telefunken und Karl Schmidt (Lorenz) sind Schaltungen angegeben worden, wie man aus

Wechselstrom mittlerer Frequenz ($f = 10000$ Hertz) mit Hilfe ruhender Anordnungen Wechselstrom höherer Frequenz herstellen kann. Diese Schaltungen werden mit gutem Erfolg besonders im Betrieb der Großfunkstellen und ganz vereinzelt von Rundfunksendern verwandt. Sie sind aber für den Funkfreund zu umständlich und zu teuer, darum wird hier auf ihre Beschreibung verzichtet.

3. In Schwingungskreisen.

a) Mittels Funkenerregung. Wohl die älteste Schaltung zum Erzeugen elektrischer Schwingungen ist in der Abb. 82 wiedergegeben. Ein Schwingungskreis, bestehend aus Kondensator und Spule, ist an der Stelle F durch eine kurze Funkenstrecke unterbrochen. Parallel zu F liegt eine Quelle hoch gespannten Wechselstroms (Funkeninduktor oder Hochspannungstransformator) von niederer Frequenz (etwa 20 bis 50 Hertz). Wenn die Spannung von 0 ansteigt, dann ladet sich zunächst der Kondensator, bis seine Spannung ausreicht, um die Funkenstrecke durchzuschlagen. Mit dem Funken entladet sich der Kondensator in Schwingungen, die infolge der unvermeidlichen **Dämpfung**, besonders durch den Funken selbst, schnell abklingen.

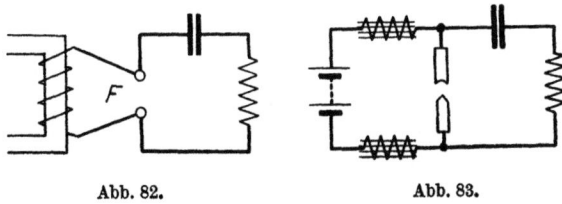

Abb. 82.   Abb. 83.

b) Mittels Lichtbogenerregung. Legt man den Schwingungskreis an eine mit Gleichstrom betriebene Bogenlampe, Abb. 83, dann treten ebenfalls Schwingungen auf, die jedoch **ungedämpft** verlaufen, da der dauernd fließende Gleichstrom jeden Energieverlust sofort wieder ersetzt. Die Wärmeträgheit des Lichtbogens erfordert geeignete Maßnahmen, insbesondere künstliche Kühlung, um Schwingungen hoher Frequenz zu erzeugen. Die Grenze liegt ungefähr bei $\lambda = 1000$ m. Meistens arbeitet man mit viel längeren Wellen, etwa $\lambda = 10000$ m. Auch dieses Verfahren kommt für den Funkfreund kaum in Frage.

42 Das Erzeugen (und Unterdrücken) von Schwingungen.

c) Mittels rückgekoppelter Elektronenröhren. α) **Schaltungen mit einer Röhre.** Von Alexander Meißner stammt der überaus fruchtbare Gedanke, einen Teil der im Anodenkreis einer Verstärkerröhre auftretenden verstärkten Energie dem Gitter wieder zuzuführen, und so die einmal erregte Schwingung dauernd aufrecht zu erhalten. Die grundlegende Schaltung zeigt Abb. 84. Unter Weglassung aller Stromquellen usw. ist eine Röhre gezeichnet, deren Gitter- und Anodenkreis mit dem Schwingungskreis gekoppelt ist. Hat man durch den Schaltvorgang die Schwingung erst angestoßen, so wird die Gitterspule induziert und steuert den Anodenstrom, der wieder die Schwingung verstärkt usw. Wichtig ist dabei die Schaltung der Spulen: In dem Augenblick, wo der Anodenstrom zunehmen will, muß das Gitter positiv werden. Nimmt aber der Strom zu, so sinkt der Anodenwiderstand, während gleichzeitig der Spannungsabfall an der Anodenspule steigt. Für die Röhre selbst bleibt also nur ein kleinerer Teil der Batteriespannung zur Verfügung als vorher oder anders ausgedrückt: Die Wechselspannung der Anode ist negativ,

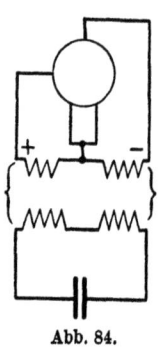

Abb. 84.

während die Wechselspannung des Gitters positiv ist. Andernfalls gibt es keine Schwingungen.

Eine zweite Überlegung führt zu demselben Ziel. Gitter und Anode sind zwei von einander isolierte Metallflächen. Sie bilden also einen Kondensator. Wenn dieser Kondensator geladen wird, so muß stets die eine Belegung positiv, die andere negativ sein. Also gehört zu einem positiven Gitter eine negative Anode und umgekehrt. Natürlich beziehen sich diese Aussagen nur auf den Wechselstrom der Röhre und nicht auf den Gleichstrom.

Schwingt die Anordnung nach Abb. 84 einmal nicht, so liegt der Fehler wahrscheinlich darin, daß die obige Bedingung nicht erfüllt ist. Man dreht dann eine Spule um.

Die Rückübertragung der Energie von der Anode zum Gitter nennt man Rückkopplung.

Ein wenig vereinfacht findet man dieselbe Schaltung in Abb. 85 wieder. Die beiden Spulen des Schwingungskreises sind zu einer einzigen vereinigt, und diese ist mit der Anodenspule zusammengelegt. Mit ihr wird die Gitterspule gekoppelt. Gitter-

und Anodenspule haben einen gemeinsamen Pol. Um dies noch deutlicher hervortreten zu lassen, ist dieselbe Schaltung in Abb. 86 noch einmal umgezeichnet worden. Danach kann man beide Spulen fortlaufend auf einen Tragkörper wickeln.

Man kann übrigens den Kondensator des Schwingungskreises mit demselben Recht in den Gitterkreis legen und erhält dann die Schaltung Abb. 87.

Die große Zahl der Rückkopplungsschaltungen läßt sich restlos auf den Meißnerschen Grundgedanken zurückführen, der

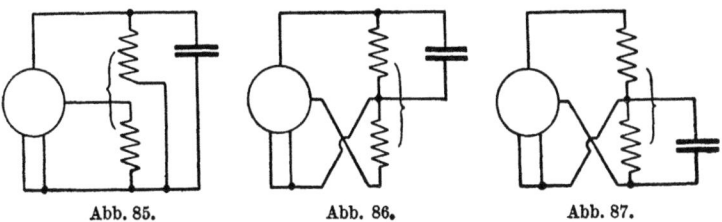

Abb. 85.   Abb. 86.   Abb. 87.

wohl am allgemeinsten durch die Abb. 88 wiedergegeben wird. Man findet hier zwischen Anode und Gitter einen Widerstand $\Re_a$ und zwischen Gitter und Kathode einen Widerstand $\Re_g$; beide

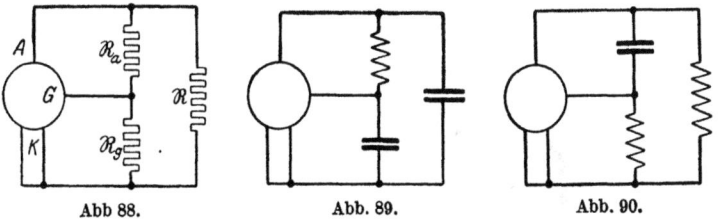

Abb 88.   Abb. 89.   Abb. 90.

sind durch $\Re$ überbrückt. Nach dem obigen Grundsatz soll die Anode zu derselben Zeit negativ sein, wenn das Gitter positiv ist. Daraus ergibt sich, daß $\Re_a$ und $\Re_g$ Widerstände von entgegengesetztem Charakter sein müssen, wie z. B. die Widerstände einer Spule und eines Kondensators. Die Abb. 89 und 90 zeigen die praktische Ausführung. Damit Schwingungen wirklich entstehen und erhalten bleiben, muß die Anordnung zu einem geschlossenen Schwingungskreis ergänzt werden, was in Abb. 88 durch den rechts gezeichneten Widerstand $\Re$, in Abb. 89 durch den Kondensator, in 90 durch die Spule angedeutet ist. Arbeitet

44 Das Erzeugen (und Unterdrücken) von Schwingungen.

die Röhre als rückgekoppelter Verstärker, nicht als Schwingungserzeuger, so kann das Glied $\Re$ fehlen.

Dieselben Schaltungen, nur anders gezeichnet, findet man in den Abb. 91 und 92 wieder, wobei 89 und 91 sowie 90 und 92 gleich sind. Eine sehr „bewegliche" Schaltung ist Abb. 93, die mit 90 und 92 übereinstimmt.

Daß sich auch die Schaltung Abb. 85 der allgemeinen Abb. 88 einfügt, erkennt man sofort, wenn man beachtet, daß die induktive Kopplung der beiden Spulen den Widerstand $\Re_a$ ersetzt.

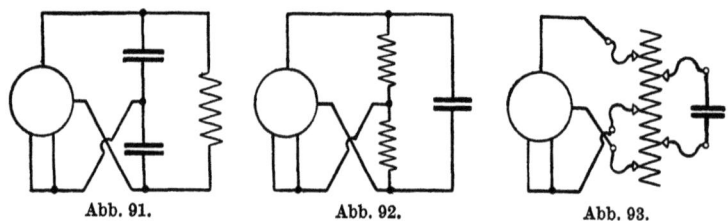

Abb. 91. Abb. 92. Abb. 93.

Aus Gründen, deren Erörterung mit der Schaltung nichts zu tun hat, muß zum Zweck der Selbsterregung von Schwingungen $\Re_a$ stets größer sein als $\Re_g$ und $\Re$ entgegengesetzten Charakter haben wie $\Re_a$. Wählt man die Verhältnisse anders,

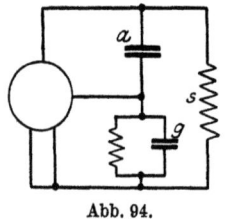

Abb. 94.

dann entstehen von selber keine Schwingungen, und schon vorhandene erlöschen. Eine solche Rückkopplung nennt man negativ, während die zur Schwingungserzeugung geeignete Rückkopplung als positiv bezeichnet wird. Da man gelegentlich Wert darauf legt, Schwingungen zu unterdrücken, z. B. die Oberwellen eines Senders oder die Eigenschwingungen eines Verstärkers, so muß man auch die Anordnungen mit negativer Rückkopplung (Entkopplung, Neutrodyn) betrachten.

Da man mit der Rückkopplung sonach verschiedene Ziele verfolgt, so wird es von vorn herein wichtig sein zu erkennen, ob Schwingungen vorhanden sind oder nicht. Für Sender kann man Hitzdrahtgeräte benutzen, die selbst für Ströme von 0,1 Ampere noch verhältnismäßig wenig Widerstand haben und die Schwingungen kaum dämpfen. In Empfangskreisen empfiehlt sich die Anwendung der Audionschaltung Abb. 39, die es ermöglicht, mit einem empfindlichen Gleichstromgerät im Anodenkreis zu erkennen, ob Schwingungen vorhanden sind oder nicht. Treten Schwingungen auf, so ladet sich das durch den Kondensator abgesperrte Gitter negativ, und der Anodenstrom sinkt. Liegt kein Sperrkondensator vor dem Gitter, so kann der Anodengleichstrom beim Einsetzen der Schwingungen steigen, fallen oder unverändert bleiben.

Eine in der Praxis vielgebrauchte Schaltung zeigt Abb. 94, die von Kühn (Huth) angegeben wurde und nach einer kleinen Änderung scheinbar ohne Rückkopplung arbeitet. Im Gitterweg liegt ein abstimmbarer Schwingungskreis g, im Anodenstrom ein weiterer Schwingungskreis s, der oft nur aus einer Spule ohne Kondensator besteht, weil seine Wicklung genügend Kapazität besitzt. Gitter und Anode sind durch einen Kondensator a überbrückt. Bei Hochfrequenz kann dieser Kondensator fehlen, weil dann die innere Kapazität der Röhre zwischen Anode und Gitter schon zum Koppeln genügt. Die Frequenz f der Schwingungen muß sich so einstellen, daß

$$f < \begin{cases} f_g \\ f_s \end{cases},$$

denn nur in diesem Falle wirken die Kreise g und s als Spulen, wie es Abb. 90 vorschreibt.

Zum Entkoppeln einer zufällig schwingenden einzelnen Röhre können die Schaltungen 95 bis 98 dienen. Aber auch die Schal-

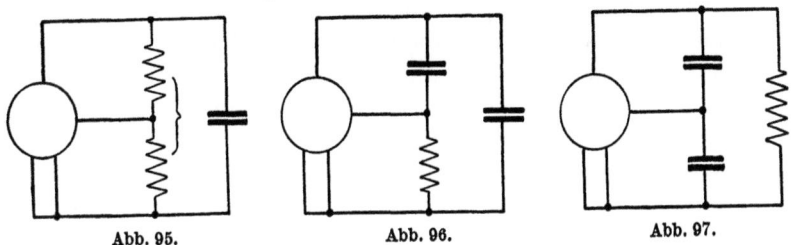

Abb. 95.   Abb. 96.   Abb. 97.

tungen 84 und 85 eignen sich, wenn man die eine Spule absichtlich falsch koppelt.

Eine Zwischenstellung zwischen den Schaltungen mit positiver und negativer Rückkopplung nimmt die Schaltung 99 ein, die den Zweck hat, möglichst oberschwingungsfreie Wellen zu liefern. Der Kondensator C ist hier so gewählt, daß für die Sende-

46   Das Erzeugen (und Unterdrücken) von Schwingungen.

welle positive, für jede Oberwelle negative Rückkopplung besteht. Für die Grundwelle gilt:
$$\omega L < \frac{1}{\omega C}$$
und für die Oberwellen:
$$\omega L > \frac{1}{\omega C}.$$

Für die Grundwelle ist also diese Schaltung gleichwertig mit 89, für die Oberwellen mit 95.

Es ist nicht unbedingt nötig, daß das frequenzbestimmende Schwingungsgebilde ein elektrischer Schwingungskreis ist. Man

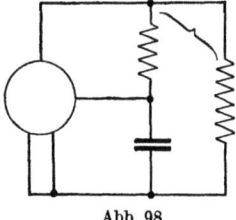 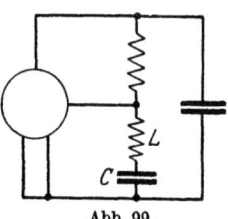

Abb. 98.   Abb. 99.

kann auch mechanische Schwinger, z. B. eine Stimmgabel, den „Ton angeben" lassen. Ist sie selber magnetisch, so kann sie in einer nahen Spule Spannungen induzieren, die das Gitter steuern, im Anodenkreis verstärkt auftreten, durch eine zweite Spule wieder die Stimmgabel erregen usw.

Um hochfrequente Schwingungen mechanisch zu steuern, benutzt man neuerdings Stäbe aus Quarzkristallen, deren Eigenfrequenz in der Gegend der Rundfunkwellen liegt und die sich durch sehr geringe Dämpfung auszeichnen. Solche Stäbe liefert in Deutschland die Radiofrequenz G. m. b. H. in Berlin-Friedenau. Als Schaltung verwendet man dabei z. B. die Anordnung von Kühn-Huth, Abb. 94, und schaltet statt des Gitterkreises g den Quarzstab ein.

β) **Das Einstellen der Rückkopplung.** Das Erzeugen von Schwingungen ist i. a. Aufgabe der Sendetechnik, wo es darauf ankommt, die günstigste Kopplung zu finden, die eine starke und reine Schwingung liefert. Für Empfangszwecke begnügt man sich meistens mit einer so schwachen Rückkopplung, daß die Schwingungen gerade einsetzen möchten, aber von selbst noch nicht auftreten. Erst ein äußerer Anstoß, z. B. die einfallende Welle des Senders, löst die kräftigen Schwingungen aus. Die Wirkung ist um so größer, je knapper man sein Empfangsgerät an den Schwingungszustand heranbringen kann. In beiden Fällen, sowohl zum Senden wie zum Empfangen, braucht man also Einstellvorrichtungen für die Rückkopplung. Ja man kann noch einen Schritt weiter gehen und feststellen, daß man auch die Entkopplung einstellen muß, denn auch hier arbeitet die Anordnung meistens knapp vor dem Selbstschwingen am günstigsten.

Je nach dem Teil der Schaltung, an dem die Einstellung wirkt, kann man 3 Gruppen unterscheiden:

1. **Ändern der Röhrenkonstanten.** Die Elektronenröhre hat drei Stromkreise, den Heiz-, Gitter- und Anodenkreis, die miteinander gekoppelt sind und das in den Kennlinien ausgedrückte Verhalten der Röhre bedingen. Jeden dieser Kreise kann man so einstellen, daß Schwingungen auftreten oder verschwinden. Die wichtigste Eigenschaft der Röhre ist die Steilheit ihrer Kennlinie. Heizt man die Röhre sehr schwach, dann ist die Steilheit gering, und die Röhre schwingt nur schwer oder gar nicht. Das schalttechnische Hilfsmittel ist der Regulierwiderstand im Heizkreis, der zu diesem Zweck mit Feinstellung versehen wird. Wenn die Röhre richtig geheizt ist, kann man durch die Wahl der Gitter- bzw. Anodenspannung die Stelle größter Steilheit suchen oder vermeiden und dadurch die Schwingneigung fördern oder unterdrücken. Zu diesem Zweck schaltet man einen Spannungsteiler vor die Gitter- oder Anodenbatterie.

2. **Ändern der Schwingungskreiskonstanten.** Die beiden kennzeichnenden Größen des Schwingungskreises sind die Eigenfrequenz und die Dämpfung. Ändert man die Eigenfrequenz, d. h. verstimmt man den einen Kreis gegenüber einem anderen, so kann zwar die Schwingneigung selbst bestehen bleiben, aber die einfallende Welle hat es schwerer, den Kreis in ihrer Frequenz mitzureißen. Übrigens wird durch eine Änderung der Eigenwelle auch der wirksame Widerstand des Schwingungskreises beeinflußt, wodurch sich gleichfalls die Schwingneigung ändert. Daß eine Erhöhung der Dämpfung das Entstehen der Schwingungen erschwert, bedarf keiner Erläuterung.

Die Mittel, die man zum Ändern der Kreiskonstanten verwendet, sind sehr mannigfaltig. Zum Ändern der Eigenwelle benutzt man Drehkondensatoren und Drehspulen, am besten mit Feineinstellung. Die Dämpfung läßt sich durch Widerstände erhöhen, die man mit dem Kondensator bzw. der Spule des Schwingungsgebildes in Reihe oder parallel schaltet. Einen solchen Widerstand kann man durch Nebenschalten eines Drehkondensators in gewissen Grenzen veränderlich machen. Ferner kann man Dämpfungskreise ankoppeln, z. B. indem man ein Stück Kupferblech einer Spule nähert. Dabei werden in dem Blech Wirbelströme induziert, die dem Spulenstrom Energie entziehen und somit dämpfen. Kondensatorplatten und Blechschirme dämpfen manchmal unbeabsichtigt die Schwingungen. Weiterhin kann man eine kurz geschlossene Spule oder einen zweiten Schwingungskreis (Cockaday) nähern und durch Abstand bzw. Abstimmung die Dämpfung einstellen.

Eine Feineinstellung läßt sich durch Unterteilung der Schwingungsgrößen herbeiführen. Einem Drehkondensator von 1000 cm Kapazität schaltet man einen von 100 cm parallel; ähnlich läßt sich die Selbstinduktivität unterteilen, indem man eine große und eine kleine Spule veränderlich miteinander koppelt (Drehspulen, Variometer).

3. Ändern der Kopplung. Man kann die Amplitude oder die Phase der durch die Rückkopplung am Gitter herrschenden Spannung ändern. Bei induktiver Kopplung läßt sich die Amplitude beeinflussen durch die Entfernung der beiden gekoppelten Spulen oder durch die Wahl der Windungszahl. Bei kapazitiver Rückkopplung gibt der Drehkondensator eine bequeme Einstellmöglichkeit. Widerstandsrückkopplung, die bei hohem inneren Widerstand der Anodenbatterie gelegentlich unbeabsichtigt vorkommt, läßt sich durch Regulieren des Widerstandes oder durch Überbrücken mit einem großen Kondensator einstellen.

Ein sehr bequemes Mittel, die Phase der induktiven Rückkopplung einzustellen, bietet ein Drehkondensator, den man z. B. in Abb. 89 mit der Spule in Reihe schaltet. Hiermit wird

$$\Re_a = \omega L - \frac{1}{\omega C}.$$

Solange $\omega L > 1/\omega C$, ist die Rückkopplung positiv, also Schwingneigung vorhanden. Macht man $\omega L = 1/\omega C$, was Resonanz mit der Eigenwelle bedeuten würde, so verschwindet die Schwingneigung für diese Welle, und bei $\omega L < 1/\omega C$ tritt negative Rückkopplung auf, jede einfallende Schwingung von der Frequenz ω wird sofort vernichtet.

Ähnliche Überlegungen gelten für die Abb. 90, wenn man hier dem Kondensator eine Spule vorschaltet, und für Abb. 99.

Eine induktive Rückkopplung mit kapazitiver Einstellung zeigt die Abb. 100; diese Schaltung ist von Leithäuser angegeben und mit einigen vorteilhaften Änderungen von Reinartz in die Funkpraxis eingeführt worden. Sie entspricht dem Schema

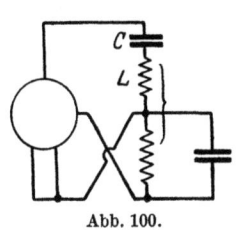
Abb. 100.

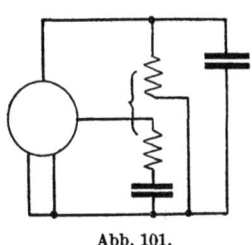
Abb. 101.

Abb. 87, nur ist in Reihe mit der Anodenspule L der Kondensator C geschaltet. Der Widerstand der Spule und des Kondensators hat die Größe

$$\mathfrak{R} = \omega L - \frac{1}{\omega C}.$$

Solange ωL überwiegt, ist die Rückkopplung positiv. Mit zunehmender Größe von $1/\omega C$ wird sie kleiner, schließlich null und

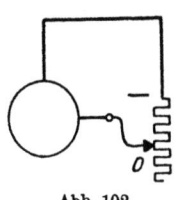
Abb. 102.

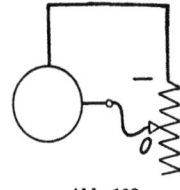
Abb. 103.

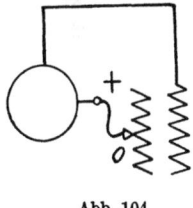
Abb. 104.

negativ. Durch die Wahl von L und C hat man es in der Hand, die weichsten Übergänge zu schaffen.

Das Gegenstück zur letzten Schaltung bringt die Abb. 101, wo der Einstellkondensator im Gitterkreis, der Schwingungskreis im Anodenweg liegt.

Mit Rücksicht auf die Einstellbarkeit der Rückkopplung seien noch die Schaltungen 102 bis 105 betrachtet, die mit den Schaltungen 95, 86 (oder 87) und 97 grundsätzlich übereinstimmen, nur mit dem Unterschied, daß der Gitteranschluß veränderlich gewählt ist. Entsprechend den angeschriebenen Zeichen kann man die Rückkopplung in den Grenzen 0 und — bzw. + ändern. Damit bei positiver Rückkopplung selbsterregte Schwingungen entstehen können, ist natürlich jeweils der Schwingungskreis zu vervollständigen. In Abb. 104 ergibt ein Umkehren der Gitterspule auch eine Umkehr des Vorzeichens der Kopplung. In der Schaltung 105 gilt das negative Zeichen, wenn der obere Kondensator groß gegen den unteren ist, die Kopplung wird null beim umgekehrten Verhältnis.

Legt man einen Kondensator C in die Gitter- oder Anodenleitung, so kehrt sich bei geeigneter Größe von C das Vorzeichen der Spannung und damit auch das der Rückkopplung um.

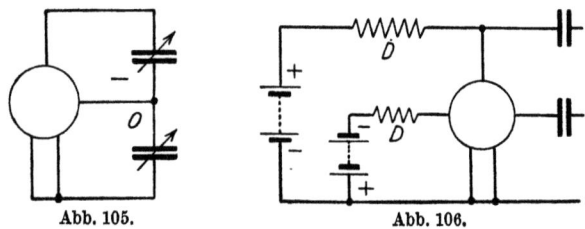

Abb. 105.   Abb. 106.

Bei vielen dieser Schaltungen ist durch einen Kondensator dem Gleichstrom der Anode oder des Gitters der Weg versperrt. Zum Betrieb ist aber das Vorhandensein des Gleichstroms unbedingt nötig. Man hilft sich durch Herstellen eines Nebenweges für den Gleichstrom, der durch Widerstände oder Drosselspulen für Wechselstrom ungangbar gemacht werden muß, Abb. 106. Auf diese Weise läßt sich eine reinliche Scheidung von Gleich- und Wechselstrom herbeiführen, besonders wenn man nun absichtlich die Wechselstromseite durch Kondensatoren gegen den Gleichstrom schützt. Sollen diese Kondensatoren auf die Schwingungen keinen Einfluß haben, so müssen sie recht groß sein.

γ) **Die Pendelrückkopplung.** Man kann sich den Vorgang der Empfangsverstärkung mittels der Rückkopplung so vorstellen, daß die vom Anodenkreis an die Gitterseite zurückgelieferte Energie mithilft, die Widerstände der Antenne und Schwingungskreise zu überwinden. Nennt man diese Widerstände positiv, so kann man die Rückkopplung mit einem negativen Widerstand vergleichen, und beide heben sich mehr oder weniger auf. Bei loser Kopplung ist die rückgelieferte Energie gering, der negative Widerstand klein, und der positive Widerstand überwiegt. Zieht man die Rückkopplung allmählich fester, so wächst der negative Widerstand, und schließlich nähert man sich der Stellung, wo sich beide aufheben. Das ist der Zustand, den man beim Empfang als erstrebenswert hinstellt. Koppelt man noch fester, so überwiegt der negative Widerstand, und es sind auch ohne Fernerregung durch den Sender bereits Schwingungen da, die sich beim Arbeiten des Senders den Senderwellen überlagern und das höchst unbeliebte Jaulen ergeben. Dieser Zustand ist daher unbrauchbar. Durch genaues Abstimmen des Empfängers auf den Sender ist es aber möglich, das häßliche Tönen zu vermeiden und einen sehr lauten, wenn auch nicht immer klangreinen Empfang zu erzielen. Am wirksamsten ist die Mithilfe der Empfängerschwingungen im Augenblick des Anlaufes, also dann, wenn die vom Sender kommenden Schwingungen gerade beginnen, die Empfangsantenne zu erregen.

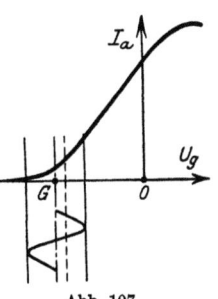

Abb. 107.

Es erscheint daher vorteilhaft, diesen Anlauf immer wieder künstlich herbeizuführen, indem man die Schwingneigung des Empfängers regelmäßig ändert. Das kann durch eines der besprochenen Verfahren geschehen. Gebräuchlich ist die Beeinflussung der Kennlinie durch Veränderung der Gitter- oder Anodenspannung, indem man zu der stets vorhandenen Gleichspannung noch eine Wechselspannung hinzufügt. Ein solcher Fall ist durch die Kennlinie Abb. 107 dargestellt. Die Gittervorspannung habe im Ruhezustand den Wert OG, wobei sich noch keine Schwingungen von selbst erregen. Erst rechts von der gestrichelten Linie mögen selbsterregte Schwingungen auftreten. Nun werde von außen her eine Wechselspannung überlagert, so wie es die Sinuslinie andeutet. Sobald die Spannung die gestrichelte Grenze nach rechts hin überschreitet, beginnt die

52 Das Erzeugen (und Unterdrücken) von Schwingungen.

Selbsterregung, die ankommenden Schwingungen schwellen für kurze Zeit außerordentlich hoch an und fallen im nächsten Augenblick wieder zusammen. Je öfter sich dies Spiel wiederholt, um so lauter wird der Empfang. Man wird also nicht den Starkstrom aus dem Netz brauchen können, da er nur 50 Perioden in der Sekunde durchläuft, also viel weniger als die zu empfangende Sprache. Einesteils wäre wegen der geringen Frequenz die Verstärkung zu gering, andererseits würde man ein lästiges Brummen hören, das die Sprache stark entstellt. Auch ein Wechselstrom von Tonfrequenz, also etwa 1000 Hertz, ist noch ungeeignet, weil er sich als Ton im Hörer bemerkbar macht. Erst wenn man die Frequenz des Hilfsstromes über die Hörgrenze legt, kommt man zu einem brauchbaren Ergebnis. Allerdings darf man die Frequenz auch nicht zu hoch wählen, weil sonst die Anlaufzeit zu kurz wird und die Schwingungen sich nicht auf die volle Höhe

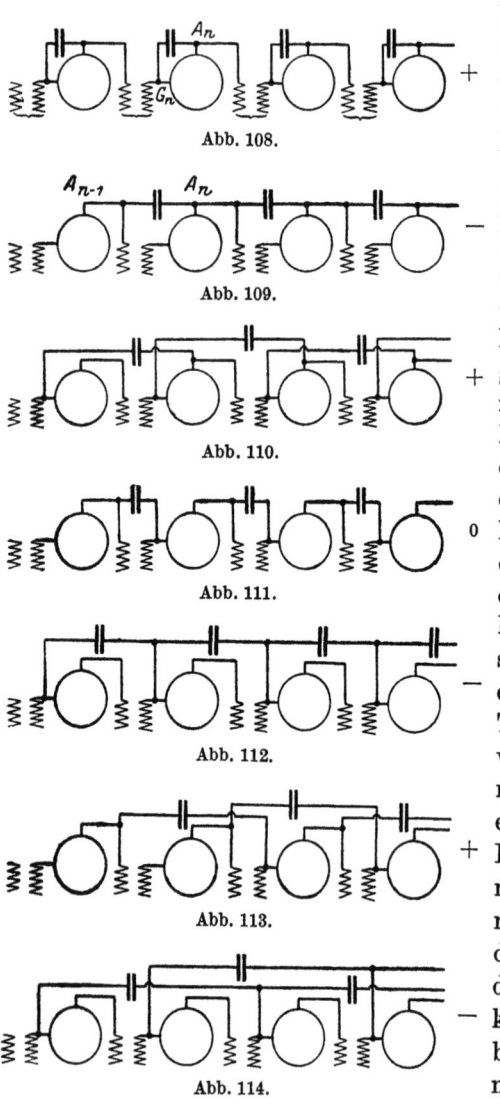

Abb. 108.

Abb. 109.

Abb. 110.

Abb. 111.

Abb. 112.

Abb. 113.

Abb. 114.

In Schwingungskreisen. 53

aufschaukeln können. Eine Hilfsschwingung von 10000 Hertz sieht man als zweckentsprechend an.

δ) **Kopplung** über **mehrere** **Röhren.** Die bei Vielröhrengeräten auftretenden selbsterregten wilden Schwingungen machen es notwendig, die Möglichkeiten der Rück- und Gegenkopplungen in solchen Schaltungen zu untersuchen. Die Abb. 108—114 behandeln die häufig von selbst vorkommende kapazitive Kopplung. Auf den Abb. 108—110 ist jeweils von der Anode zurückgekoppelt, bei 111—114 vom Gitter. Geht man beim Ändern der Kopplung planmäßig vor, so findet man immer abwechselnd positive und negative Kopplungen. Die Überlegung läßt sich auf beliebige Kopplungsverfahren und beliebige Röhrenzahl ausdehnen. Man ist sonach im Besitz sämtlicher Kopplungsmöglichkeiten für viele Röhren, wenn man sie für eine Röhre kennt.

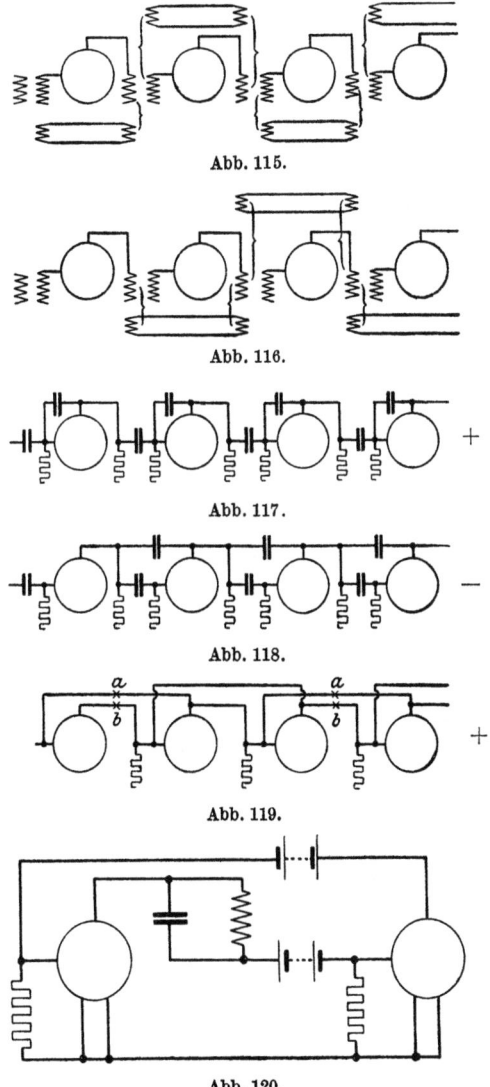

Abb. 115.

Abb. 116.

Abb. 117.

Abb. 118.

Abb. 119.

Abb. 120.

Als weiteres Beispiel bringen die Abb. 115 und 116 zwei Kopplungsmöglichkeiten für das induktive Verfahren mittels besonderer Kopplungskreise, die man in der Praxis wohl nie benutzt, die aber für die Darstellung recht übersichtlich wirken.

Die nächste Gruppe 117 und 118 zeigt wieder die kapazitive Kopplung in Verbindung mit einer anderen Verstärkeranordnung. Schließlich gibt die Abb. 119 eine Vorstellung davon, wie man die Röhren zunächst für den Zweck der Verstärkung galvanisch koppelt und dann für die Schwingungserzeugung galvanisch rückkoppelt. Eine Anordnung nach Abb. 119 mit nur 2 Röhren ist als Kallirotron bekannt. Hierbei werden die zwei Röhren an den Punkten a und b aus dem Schema herausgeschnitten und a mit a, b mit b verbunden. Natürlich ist auch hier für das Selbstschwingen ein Schwingungskreis nötig, der in irgendeine Gitter- oder Anodenleitung gelegt wird, z. B. nach Abb. 120.

Bei allen diesen Schaltungen beachte man, daß ein zugeschalteter Kondensator bzw. eine Spule von geeigneter Größe ($\omega L \neq 1/\omega C$) die Phase um 180° umkehrt, also aus einer negativen Kopplung eine positive macht und umgekehrt. Schaltet man einen Kondensator und eine Spule ein, so daß $\omega L = 1/\omega C$, so wirken beide parallel geschaltet wie ein großer, in Reihe geschaltet wie ein kleiner Ohmscher Widerstand ohne Phasenverschiebung.

Der Grenzwert der positiven Rückkopplung ist eine Schwingungserzeugung von solcher Stärke, daß der Anodenstrom von 0 bis zum Sättigungswert pendelt. Bei negativer Rückkopplung wird schließlich jede Schwingung, nicht nur die Eigenschwingung, sondern auch die zu verstärkende fremde Schwingung, unterdrückt: Die ganze Anordnung wird aperiodisch.

Es bleibt noch eine Form der Rückkopplung zu besprechen, die nie absichtlich hergestellt wird, die man aber trotzdem gelegentlich beobachten kann: Die Rückkopplung durch einen gemeinsamen Widerstand in der Anodenleitung, in der Praxis meistens dargestellt durch eine alte Anodenbatterie mit hohem inneren Widerstand, entsprechend Abb. 121, Nimmt der Anodenstrom der Röhre R_2 gerade zu, so steigt der Spannungsabfall am koppelnden Widerstand R, so daß die Röhre R_1 eine geringere Spannung erhält. Damit fällt der Anodenstrom von R_1, an ihrem Belastungswiderstand R_a sinkt die Klemmenspannung, d. h. die Wechselspannung an R_a wird negativ. Ist die linke Belegung des

Kondensators C negativ, so lädt sich die rechte und ebenso das Gitter von R_2 positiv, wodurch der Anodenstrom von R_2 weiter steigt usw. bis zur Sättigung von R_2. Ist der Grenzzustand erreicht, so nimmt der Anodenstrom nicht mehr zu, die Batteriespannung und der Anodenstrom der ersten Röhre bleibt konstant, die Kondensatorladung aber nimmt langsam ab, weil C durch die Gitterableitung überbrückt ist. Es sinkt die Gitterspannung in R_2, mit ihr der Anodenstrom, und nun wiederholt sich der ganze Vorgang wie oben, nur mit umgekehrtem

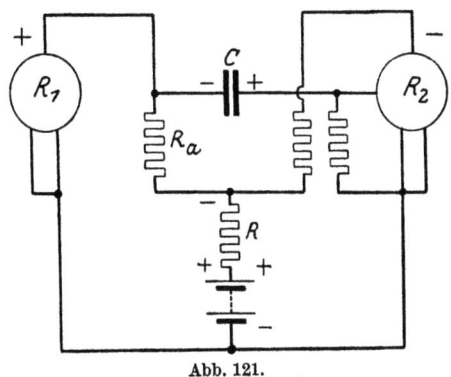

Abb. 121.

Vorzeichen bis zum unteren Grenzwert des Stromes, nämlich 0. Dann steigt er wieder an usw., d. h. es treten selbsterregte Schwingungen auf, für die sich irgendein Schwingungsgebilde, z. B. eine Spule oder der sich entladende Kondensator als Taktmacher einsetzt.

Abb. 122 zeigt die Verhältnisse bei einem Tonfrequenzverstärker mit Transformatoren. Hier liegt dieselbe Gefahr der Selbsterregung vor, wobei die Sekundärwicklung eines Transformators die Frequenz be-

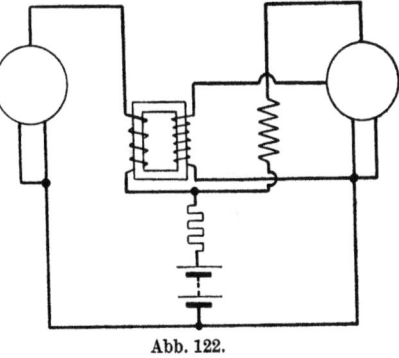

Abb. 122.

stimmt. Man kann aber leicht eine Gegenkopplung einführen, indem man auf der Sekundärseite des gezeichneten Transformators den Gitteranschluß an die Heizung legt und umgekehrt.

Ist noch eine weitere Röhre R_0 vorgeschaltet, so wirken jeweils benachbarte Röhren im Sinn positiver Kopplung, während R_0 und R_2 miteinander negativ gekoppelt sind. Um eine völlige Entkopplung zu erzielen, ist es daher geboten, die Transformator-

Sekundärseiten abwechselnd mit Anfang bzw. Ende ans Gitter zu legen.

d) Mittels Elektronenröhren ohne Rückkopplung. α) **Das Dynatron.** Gegenüber der gewaltigen Bedeutung, die die Röhrenschaltungen mit Rückkopplung in der Funktechnik gefunden haben, verschwinden die anderen Schwingschaltungen vollständig. Erwähnt sei hier das Dynatron, das nach Abb. 123 eine sehr hohe positive Gitterspannung bekommt, während die Anode an einen Teil davon angeschlossen wird. Verändert man zwecks Aufnahme der Kennlinie die Anodenspannung U_a von 0 an, so erhält man eine Kurve wie Abb. 124. Es muß dabei auffallen, daß die Kurve in einem gewissen Bereich fällt; trotz zunehmender Anodenspannung U_a wird der Anodenstrom I_a kleiner. Als Erklärung nimmt man an, daß die von der Kathode kommenden

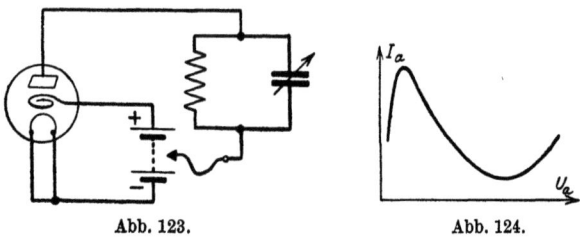

Abb. 123. Abb. 124.

Elektronen durch das stark positiv geladene Gitter so gewaltig beschleunigt werden, daß sie beim Aufprall auf das Anodenblech neue Elektronen lösen, die gegen die Richtung des Anodenstroms zum Gitter als dem positiven Pol fliegen. Als wirksamer Anodenstrom bleibt nur der Unterschied übrig, der mit zunehmender Anodenspannung in einem gewissen Bereich immer kleiner wird.

Auf der fallenden Kurvenstrecke ist die Neigung der Kurve dI_a/dU_a negativ. Dann ist auch der Kehrwert $dU_a/dI_a = R_i$ negativ. R_i ist aber nichts anderes als der Widerstand gegen kleine Änderungen des Stromes, also gegen einen schwachen, dem Gleichstrom übergelagerten Wechselstrom. Da man einen positiven Widerstand als Energieverbraucher kennt, so muß man den negativen Widerstand als Erzeuger ansehen. Demnach muß es möglich sein, mit der Schaltung Abb. 123 Wechselstrom zu erzeugen. Damit dieser eine eindeutige und gleichbleibende Frequenz erhält, ist ein Schwingungskreis in die Anodenleitung gelegt. Je nach der Steilheit der Kurve ist die Schwingneigung größer oder kleiner, so daß man bei gleichbleibender Gitterspannung durch einen Spannungsteiler im Anodenweg die Entdämpfung fein einstellen kann.

β) **Das Negatron.** Als Negatron läßt sich jede Doppelgitterröhre in der Negadynschaltung Abb. 125 benutzen. Der Wirkungsweise liegt die Kennlinie Abb. 126 zugrunde, die über

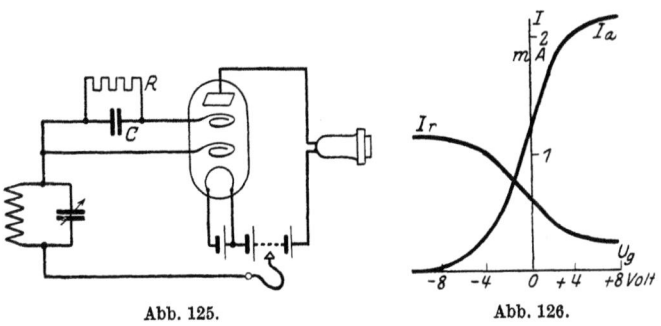

Abb. 125.   Abb. 126.

der Spannung U_g des Außengitters als Abszisse sowohl den Strom I_r des Raumladegitters wie auch den Strom I_a der Anode zeigt. Wie beim Dynatron ist durch das Fallen der I_r-Kurve ein negativer Widerstand gegeben, der den Schwingungskreis der Abb. 125 antreibt. R und C kennzeichnen die Audionschaltung des Außengitters. Eine sehr feine Einstellung der Heizung ist notwendig, um die höchste Empfindlichkeit zu erhalten.

4. Durch selbsttätig veränderliche Widerstände ohne Schwingungskreise.

a) Mittels Glimmlampen. Nach Abb. 127 ist die Glimmlampe G einem Kondensator C nebengeschaltet; beide sind über einen großen Widerstand R (Silitstab) an das Gleichstromnetz von 110 oder 220 V gelegt. Über R ladet sich C zunächst langsam auf, bis die Spannung zum Zünden der Lampe ausreicht. Dann entlädt sich C sehr schnell, die Lampe erlischt, C lädt sich wieder usw. Die Frequenz dieses Ladens und Entladens hängt von $C \cdot R$ ab; sie liegt in der Größenordnung von 1000 Hertz. In einem Telephon vor dem Kondensator hört man dabei einen schönen Ton.

58 Das Erzeugen (und Unterdrücken) von Schwingungen.

Dieser Wechselstrom wird für Meßzwecke gern benutzt. Für Funkzwecke ist seine Frequenz zu niedrig.

b) Mittels rückgekoppelter Elektronenröhren. Eine Anordnung, die es ermöglicht, ähnlich wie bei der Glimmlampe ohne Schwingungskreis regelmäßige Schwingungen zu erzeugen, zeigt Abb. 128. Anoden- und Gitterkreis sind in bekannter Weise miteinander gekoppelt. Im übrigen ist die Röhre als Audion geschaltet.

Schaltet man ein, so beginnt der Anodenstrom zu fließen. Dabei übt er infolge der Kopplung eine Induktionswirkung aus und ladet den Kondensator C sowie das Gitter. Ist die Rückkopplung positiv, so wird nun das Gitter positiv und vergrößert den Anodenstrom, der wiederum eine stärkere Induktion bewirkt

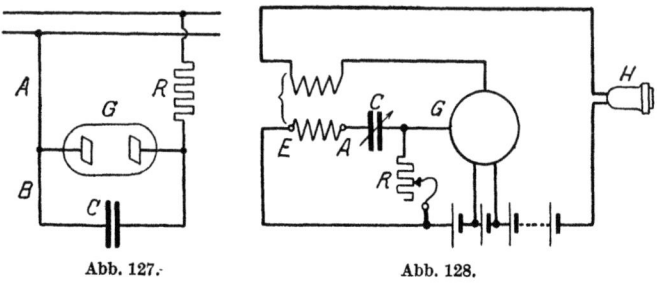

Abb. 127.   Abb. 128.

und das Gitter noch höher positiv macht usw., bis der Sättigungsstrom erreicht ist. Nun kann der Strom nicht mehr zunehmen, und die Induktion hört auf. Das Gitter und der Kondensator C beginnen, sich über R langsam zu entladen. Diesem Vorgang folgt aber sofort der Anodenstrom, d. h. er beginnt zu fallen. Seine Änderung (diesmal die Abnahme) induziert in der Gitterspule eine EMK entgegengesetzt wie vorher, wodurch der Stromabfall beschleunigt wird, bis er schließlich bei stark negativer Spannung auf null sinkt. Da zunächst keine Stromänderung mehr möglich ist, so beginnt R zu wirken und entladet C und G. Damit fängt der Anodenstrom an zu steigen, und der Vorgang beginnt von neuem. Die Geschwindigkeit, mit der sich diese Ereignisse immer wieder abspielen, hängt von dem Produkt $C \cdot R$ ab. Die Frequenz der Schwingungen, die man mit dem Hörer gut abhören kann, läßt sich somit bequem einstellen. Macht man R sehr groß, indem man den Silitstab ganz herausnimmt, so hört man ein langsames tack ... tack ... tack. Ein Widerstand von beispielsweise 5 Megohm liefert schon einen musikalischen Ton, und mit 2 Megohm ist man an der oberen Hörgrenze. Es macht meistens Schwierigkeiten, durch stetiges Regeln von R oder C die Tonhöhe ebenso stetig zu ändern. Oft schlägt der Ton ins Tiefere um, weil die Röhre sich bequemere Schwingungsbedingungen sucht. Auch Zieherscheinungen treten auf. Man erkennt sie daran, daß man bei demselben Wert von R oder C ganz andere Töne bekommt, je nachdem man sich diesem Wert von oben oder von unten nähert.

Schaltet man einer der beiden Kopplungsspulen einen Kondensator parallel, so können außer den tonfrequenten auch hochfrequente Schwingungen entstehen. Man erkennt ihr Nebeneinander sehr deutlich an einem Milliamperemeter, das mit dem Hörer in Reihe zu schalten ist. Beim Einsetzen der hochfrequenten Schwingungen sinkt der Anodenstrom etwa auf die Hälfte und beim Auftreten der tonfrequenten Schwingungen auf ein Viertel seines Ruhewertes. Diese Anordnung benutzt **Flewelling** zu seiner **Überrückkopplung**.

F. Das Beeinflussen von Schwingungen.

1. Allgemeines.

Wenn nach einem der besprochenen Verfahren Schwingungen erzeugt worden sind, dann muß ihnen die zu übermittelnde Nachricht aufgedrückt werden. Diese Nachricht kann entweder in irgendeiner Schrift (Druck, Handschrift) geschrieben oder als Bild (Strichzeichnung, hell — dunkel getönt, farbig) gegeben sein, woraus sich die Aufgabe ergibt, sichtbare Nachrichten in verabredeten Zeichen oder in getreuer Nachbildung der Urzeichen zu übertragen, oder sie wird in Form von Schallwellen gegeben (Sprache, Musik, Geräusche), die an der Empfangsstelle wieder als lautgetreue Zeichen erscheinen müssen. In der Funktechnik hat man sich lange Zeit damit begnügt, nur **Schriftzeichen** zu übertragen. Erst in den letzten Jahren ist als Voraussetzung für den Rundfunk die nächste Aufgabe gestellt und gelöst worden, **Schallzeichen** zu übertragen. Die dritte Aufgabe, **Schriftzüge und Bilder** zu übertragen, die bei genügender Schnelligkeit das **Fernsehen** ermöglicht, harrt noch der endgültigen Lösung.

Man kann die Schwingungen auf zweierlei Weise beeinflussen (steuern, modulieren): Durch **Ändern der ausgestrahlten Leistung** bzw. der Stärke des Senderstromes und durch **Ändern ihrer Frequenz** bzw. der Wellenlänge.

Die Stromstärke beeinflußt man am bequemsten mit Hilfe eines veränderlichen Widerstandes. Hierzu kann ein Ohmscher Widerstand dienen, der heute in den weitaus meisten Fällen verwendet wird. Es ist aber auch möglich, veränderliche induktive oder kapazitive Widerstände zu benutzen. Wenn hierbei der Strom zwischen seiner vollen Stärke und Null schwankt, so spricht man von vollständiger Aussteuerung. Vielfach ist es aus praktischen oder technischen Gründen nicht möglich, den Strom voll auszusteuern. Entspricht dem Zeichen der (stärkere) Strom I_1 und der Pause der (schwächere) Strom I_2, so bezeichnet man das Verhältnis

$$A = \frac{I_1 - I_2}{I_1}$$

als Aussteuerung.

Die Frequenz bzw. Wellenlänge des Senderstromes beeinflußt man durch **Spulen** bzw. **Kondensatoren** von veränderlicher Selbstinduktivität bzw. Kapazität. Ändert sich hierbei die Wellenlänge von λ_1 (Arbeitswelle) auf λ_2 (Pausenwelle), so nennt man

$$A = \frac{\lambda_1 - \lambda_2}{\lambda_1}$$

oder

$$A = \frac{\lambda_2 - \lambda_1}{\lambda_1}$$

die Aussteuerung. A ist immer positiv.

Ein von den beschriebenen völlig abweichendes Verfahren ist das **Überlagern zweier Schwingungen**, das gleichfalls zum Aufdrücken einer Kennung benutzt werden kann.

2. Die Steuergeräte.

a) Die Übertragung verabredeter Schriftzeichen. Die Übertragung von vereinbarten **Schriftzeichen** gründet sich seit alter Zeit auf die Anwendung des Morsealphabets. Hier werden aus 2 Grundzeichen, dem Punkt und dem Strich, alle anderen Zeichen zusammengesetzt. Will man nun Schwingungen im Takt von Morsezeichen steuern, so schaltet man einen in demselben

Takt veränderlichen Widerstand ein. Am wirkungsvollsten ist es, wenn dieser Widerstand zwischen den Grenzwerten 0 und ∞ schwankt. Dann tritt bald der volle Strom, bald gar kein Strom auf, und die **Aussteuerung** beträgt 100%. Diese Anforderung erfüllt i. a. jeder Schalter. Eine besonders geeignete Form ist die **Morsetaste**, die durch Federkraft immer wieder in ihre Ruhelage zurückkehrt. Sind starke Ströme und hohe Spannungen zu bewältigen, so bedient man mit der Taste zunächst einen Hilfsstrom, der das Tastrelais, einen kräftigen Schalter mit großem Hub und großen Arbeitsflächen, in Bewegung setzt.

Neben dieser Steuerung der Senderleistung gibt es Verfahren, die Senderfrequenz zu beeinflussen, indem man durch die Taste eine Spule oder einen Kondensator zu- oder abschaltet. Der Empfänger wird dabei auf die eine Frequenz eingestellt, die andere nimmt er nicht auf. Diese Anordnung ist als technisch unvollkommen zu bezeichnen, weil dabei zwei Wellen zugleich besetzt werden.

b) Die Übertragung von Schallzeichen. Die Übertragung von Klängen unterscheidet sich grundsätzlich nicht von den besprochenen Verfahren der Schriftübertragung. Während aber für die Abgabe der Punkte und Striche und der erforderlichen Zwischenräume der steuernde Widerstand nur die zwei Grenzwerte 0 und ∞ annimmt, müssen bei der Übertragung der Klänge alle Feinheiten in der Abstufung der Töne (hoch — tief, laut — leise) durch Widerstandsänderungen ausgedrückt werden. Das schallaufnehmende Gerät heißt **Mikrophon**. Um ein solches zu bauen, muß man auf dem Gebiet der Elektrophysik Anordnungen suchen, die auf einfallende Schallwellen mit Widerstandsänderungen ansprechen. Die Schallwelle kann man für die Untersuchung zerlegen in eine Druck- und eine Geschwindigkeitskomponente; als elektrischen Widerstand braucht man nicht nur den allbekannten Ohmschen Widerstand anzusehen, sondern man wird auch den induktiven und kapazitiven Widerstand heranziehen, der in Anordnungen mit magnetischen bzw. elektrischen Feldern auftritt.

α) **Die Widerstandsmikrophone.** Das **Kohlekörnermikrophon** besteht aus einer starren Kapsel, Abb. 129, die durch eine elastische Platte abgeschlossen ist und im Innern eine größere Anzahl lose gelagerter Kohlekörner birgt. Treffen Schallwellen auf den elastischen Deckel, so schwingt er infolge des veränderlichen **Luftdrucks** hin und her und preßt die Körner mehr oder weniger zusammen. In demselben Maß ändert sich der Widerstand und die Stärke des durchfließenden Stromes.

Eine Abart dieses Mikrophons ist das Mikrophon von Reiß, das für die Rundfunksender jetzt viel verwendet wird.

Zu den Widerstandsmikrophonen ist auch das **Kathodophon**, Abb. 130, zu rechnen. Nach seinem physikalischen Aufbau ähnelt es der Verstärkerröhre. Eine Oxydkathode K wird von der Stromquelle H geheizt und sendet Elektronen in die freie Luft. Dicht davor steht der Schalltrichter, der als Anode dient. Durch den starken Zug der Anode, die einige Hundert Volt Spannung gegen die Kathode hat, werden die Elektronen

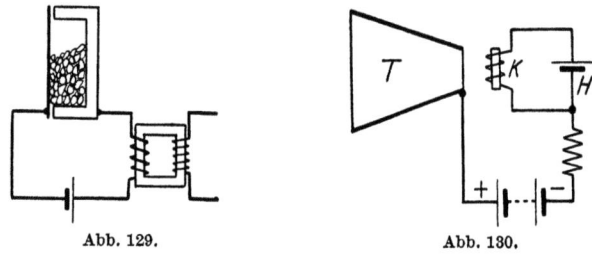

Abb. 129.   Abb. 130.

so beschleunigt, daß sie die Luft ionisieren. Laufen Schallwellen in den Trichter, so schwingt die ionisierte Luft bald vor, bald zurück, und in demselben Maß nimmt der Anodenstrom zu oder ab.

β) **Die Induktionsmikrophone.** Mit gutem Erfolg läßt sich ein **Telephon** als Schallaufnehmer benutzen. Es besteht bekanntlich aus einem Stahlmagnet, dessen Polschuhe aus weichem Eisen Wicklungen tragen. Dicht vor den Polen ruht als Anker eine elastische Eisenblechplatte. Auftreffende Schall-Druckwellen lassen den Anker schwingen. Dabei wird das Magnetfeld stärker oder schwächer, und seine Änderungen induzieren in der Wicklung Wechselströme, deren Verlauf genau den Schallwellen entspricht. Da hier keine Stromquelle vorhanden ist, sondern der Schall selbst die Energie für die Sprechströme liefert, so ist die Empfindlichkeit gering.

Auf ähnlicher Grundlage beruht das **Bandmikrophon** von Siemens & Halske. In dem Feld eines sehr starken Magneten ist ein ganz dünnes Aluminiumband aufgehängt, das jeder Luftbewegung sofort folgt (es spricht nicht auf Druck an). Dabei schneidet es durch das Magnetfeld, und es wird in ihm eine veränderliche EMK induziert, die den Schallwellen entspricht.

γ) **Elektrostatische Geräte.** Ein Kondensator mit einer starren und einer elastischen Platte aus beliebigem leitenden Stoff ändert seine Kapazität, wenn die eine Platte sich im Schallfeld bewegt. Legt man an die Platten eine hohe Gleichspannung (einige 100 V), Abb. 131, so fließen bald ladende, bald entladende Ströme, die genau den Schallschwingungen entsprechen.

c) Die Übertragung von Bildern. Zu übertragen sind Schriftzüge und Strichzeichnungen, ferner getönte Bilder, etwa Photographien mit allen Feinheiten vom hellsten Weiß bis zum tiefsten Schwarz, und schließlich farbige Bilder. Dabei muß man die gleichzeitig vorhandenen Eindrücke in eine zeitliche Folge von einzelnen Lichtwirkungen zerlegen, ähnlich wie die Laute der Sprache sich folgen, indem man das Urbild mit einer Tastvorrichtung absucht, die in einer Zickzackbewegung über das ganze Bild läuft. Je genauer man übertragen will, um so dichter müssen die Zickzackwege nebeneinander liegen.

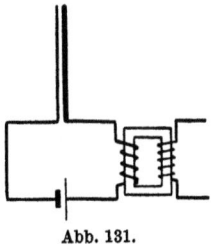

Abb. 131.

α) Die Übermittlung von **Handschriften** und **einfachen Zeichnungen** ist auf diese Weise bereits mit den Mitteln eines Rundfunksenders und -empfängers möglich.

Da nur zwei Elemente zu übertragen sind, nämlich weiß und schwarz, so läßt sich grundsätzlich dasselbe Verfahren wie bei der Übermittlung verabredeter Zeichen anwenden. Man schreibt mit einer isolierenden Tinte auf ein leitendes Blatt, rollt es auf eine Walze und dreht diese, wobei gleichzeitig die Achse langsam verschoben wird. Ein Kontaktarm gleitet dabei über das Blatt und schließt oder unterbricht den Strom, je nachdem er die leere Blattfläche oder die Schrift berührt. Natürlich kann man auch mit leitender Tinte auf ein isolierendes Blatt schreiben, doch sind dann einige Schwierigkeiten zu überwinden.

β) Für **einfarbige Zeichnungen mit Zwischentönen** muß die Steuerung den jeweiligen Tonwerten angepaßt werden. Man verwendet hierfür lichtempfindliche Zellen verschiedener Bauart

(Selenzelle, Photozelle), die alle bei Belichtung ihren Widerstand ändern. Wichtig ist, daß im Arbeitsbereich ein linearer Zusammenhang zwischen dem einfallenden Lichtstrom und dem Widerstand der Zelle besteht. Man könnte sie als **Mikrophot** bezeichnen.

γ) Erfolge mit der Übertragung **farbiger** Bilder sind dem Verfasser nicht bekannt.

3. Die Steuerschaltungen.

a) Die Morsetaste. Die Taste bzw. das Tastrelais kann so ziemlich an beliebiger Stelle eines Senders eingeschaltet werden. Damit sie klein und leicht bleibt und somit bequem zu bedienen ist, soll sie nach Möglichkeit schwache Ströme geringer Spannung schalten, z. B. den Gitterstrom einer Röhre. Häufig sind aber andere Gesichtspunkte maßgebend. Z. B. möchte man in den Zwischenpausen der Röhre die Möglichkeit geben, sich abzukühlen, und schaltet daher den Anodenstrom ein und aus. Sie wird gelegentlich, besonders bei der Frequenzsteuerung, anderen Schaltungsteilen nebengeschaltet, die sie beim Niederdrücken kurz schließt.

b) Die Mikrophone und Mikrophote. Das Kohlemikrophon kann wie die Taste grundsätzlich an beliebige Stellen des Senders gelegt werden. Es ist aber zu beachten, daß der Widerstand eines sog. O.-B.-Mikrophons die Größenordnung 10 Ω, der eines Z.-B.-Mikrophons etwa 200 Ω hat, und daß die Aussteuerung des Widerstandes beim Besprechen 10% hiervon nicht überschreiten soll, weil sonst die Klänge verzerrt werden. Das Mikrophon verträgt einen Dauerstrom von höchstens 0,1 Amp. Zum Steuern ganz kleiner Sender legt man es unmittelbar in die Erdleitung der Antenne, Abb. 132. Eine Gleichstromquelle ist hierbei nicht nötig.

Abb. 132.

Um größere Senderleistungen zu steuern, muß man über eine gewisse Steuerleistung verfügen, die man mit Hilfe von Verstärkern gewinnt. Das Mikrophon wird dabei, wie Abb. 129 zeigt, mit einer Gleichstromquelle und dem Verstärkertransformator in Reihe geschaltet. Hieran schließt sich ein beliebig gebauter Verstärker an, dessen Röhren der verstärkten Leistung entsprechen müssen. Der innere Widerstand der letzten Verstärkerröhre macht nun dieselben Veränderungen durch wie das durch die Sprache beeinflußte Mikrophon.

Dieselben Gesichtspunkte gelten für alle anderen Mikrophone, z. B. das elektromagnetische, Abb. 133, und das Bandmikrophon, das Kondensatormikrophon, Abb. 131, und gleichfalls für die Mikrophote.

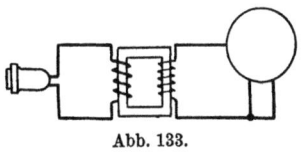

Abb. 133.

Nach dem Erreichen der gewünschten Steuerleistung kann man den Sender über einen Transformator beeinflussen oder unmittelbar durch die letzte Röhre. Den Ausgangstransformator pflegt man nach Abb. 134 bzw. 135 in den Gitterkreis der Senderröhre zu legen. Die Senderröhre wird dabei als Audion geschaltet, und der Transformator dient als Gitterableitung. Wirkungsvoller sind die folgenden Schaltungen. Die Abb. 136 und 137 zeigen dieselbe

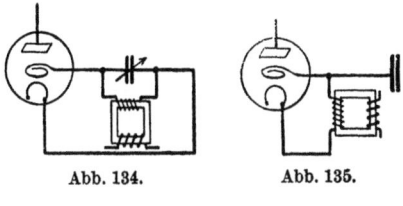

Abb. 134.   Abb. 135.

Audionschaltung der Senderröhre SR, jedoch ist die letzte Verstärkerröhre VR als Gitterableitung geschaltet. So kann man mit einer kleinen Röhre VR eine viel größere Senderröhre SR steuern, weil der Anodenstrom von VR gleich dem Gitterstrom von SR sein muß.

Gleichwertige Schaltungen, die aber gleich große Röhren VR und SR bedingen, zeigen die Abb. 138 und 139.

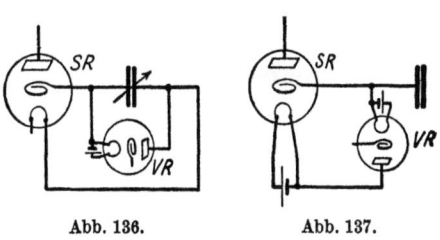

Abb. 136.   Abb. 137.

Die letzte Verstärkerröhre, als veränderlicher Widerstand betrachtet, ist mit der Senderröhre in Reihe oder parallel geschaltet und läßt ihren Anodenstrom schwanken, wodurch wieder die Hochfrequenzschwingungen zu- oder abnehmen.

Die letzten Schaltungen sind nur dann brauchbar, wenn die Senderschwingungen durch Röhren erzeugt werden. Ein sehr elegantes, für alle Sender geeignetes Verfahren ist von Pungs angegeben worden: Die Besprechungsdrossel, Abb. 140. Man legt an die Leitungen a und b einen Gleichstrom, der die äußeren

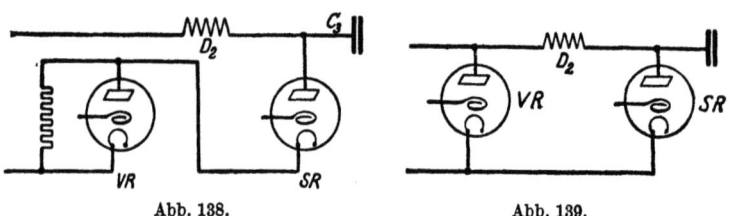

Abb. 138.   Abb. 139.

Schenkel des Eisenkörpers magnetisiert, und an c und d den zu steuernden Wechselstrom bzw. Antenne und Erde. Je stärker

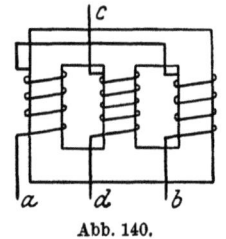

Abb. 140.

der Gleichstrom das Eisen magnetisiert, um so weniger kann es der Wechselstrom tun, um so geringer wird für den Wechselstrom der induktive Widerstand ωL. Läßt man nun den Gleichstrom im Takt der Schallwellen schwanken, so ändert sich im gleichen Verhältnis der Wechselstromwiderstand und der Wechsel-strom selbst.

Benutzt man einen Kondensator als Mikrophon, so kann man ihn als frequenzbestimmendes Glied in den Schwingungskreis der Senderröhre schalten. In dem Maß, wie die Schallwellen seine Kapazität ändern, schwankt auch die Wellenlänge.

G. Das Überlagern zweier Schwingungen.
1. Das Entstehen der Schwebungen.

Treffen irgendwo zwei gleichartige Schwingungen zusammen, z. B. Wasserwellen auf einer Teichfläche, so laufen sie, ohne sich zu beeinflussen, durcheinander. An den einzelnen Punkten der Oberfläche kommt die Summe bzw. die Differenz der Einzelwellen zur Geltung. Dasselbe geschieht mit elektrischen Schwingungen, solange der Widerstand des Wellenträgers unverändert bleibt, wie z. B. der Widerstand eines Kupferdrahtes. — Gegeben seien zwei Schwingungen von verschiedener Wellenlänge bzw.

Frequenz entsprechend Abb. 141a und b. Infolge ihres „Gangunterschiedes" werden sie sich bald schwächen, bald verstärken, wie es die Summenkurve c andeutet. Dieses An- und Abschwellen nennt man Interferenzen oder Schwebungen. Sie sind aus der Lehre vom Schall bekannt. Die Frequenz der Schwebungen

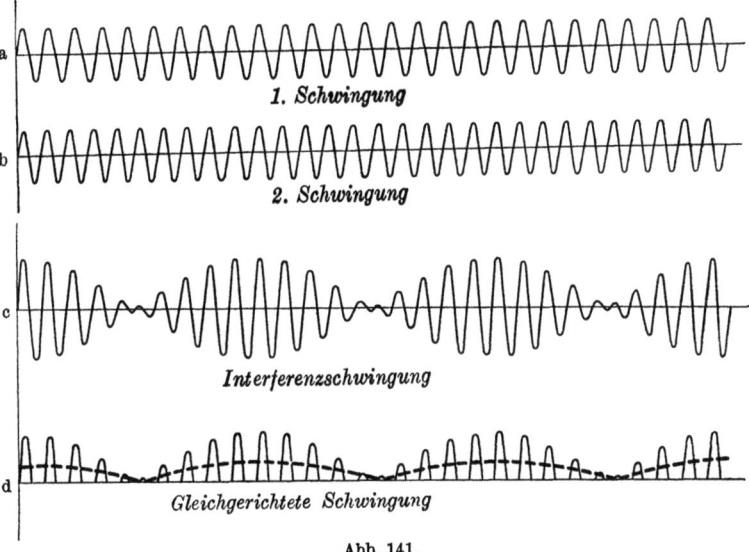

Abb. 141.

ist gleich dem Unterschied der Frequenzen der beiden Einzelwellen. Man ist somit in der Lage, eine Schwingung durch Überlagerung einer zweiten Schwingung in eine neue Schwingung von beliebiger Frequenz zu verwandeln. Dieser Fall hat eine mehrfache praktische Bedeutung für die Funktechnik.

2. Aufdrücken einer Kennung im Sender.

Läßt man an der Sendestelle zwei Schwingungen von annähernd gleicher Wellenlänge entstehen und strahlt sie aus, so werden sie von einem Empfänger mit genügend breiter Resonanzkurve bzw. nicht zu geringer Dämpfung beide gleichzeitig aufgenommen. Man kann nun so vorgehen, daß man die eine Welle dauernd ausstrahlt und die andere mit der Taste steuert. Wenn der Frequenzunterschied beider Wellen im Bereich hörbarer Wellen liegt, also etwa $f_1 - f_2 = 1000$ Hertz, so hört man im Detektor-Empfänger einen Ton von 1000 Hertz, solange beide Wellen ankommen. Dagegen hört man eine Welle allein nicht.

3. Aufdrücken einer Kennung im Empfänger.

Das Senden mit nur einer Welle ist entschieden einfacher als das Arbeiten mit zwei Wellen. Daher zieht man in der Praxis das erste Verfahren vor und überlagert die Hilfswelle erst im Empfänger, etwa mit Hilfe eines besonderen Überlagerers oder mittels eines rückgekoppelten Audions. Da zum Wahrnehmbarmachen unbedingt ein Gleichrichter erforderlich ist (Kristall oder Röhre), so bietet das Schwingaudion den Vorteil größerer Einfachheit. Es ist aber nur bei kurzen Wellen (unter 1000 m) zu gebrauchen. Bei längeren Wellen muß sonst der Empfangskreis zu stark verstimmt werden, wodurch die Empfindlichkeit leidet. Hier ist also der getrennte Überlagerer (etwa eine rückgekoppelte Röhre) am Platz.

4. Der Empfang ungedämpfter Wellen.

Wenn nun a die einlaufende Empfangswelle und b die Hilfswelle (Abb. 141) darstellt, so bilden beide miteinander Schwebungen nach c. Dasselbe Bild c ergibt sich auch, wenn der Sender beide Wellen ausstrahlt. Diese Schwebungen sind noch nicht wahrnehmbar. Leitet man sie durch einen Gleichrichter, so werden die sämtlichen Stromhälften einer Richtung unterdrückt, und es ergibt sich die Kurve d (ausgezogen). Es wirken nun auf das Empfangsgerät (den Hörer) eine große Anzahl gleichlaufender Stöße, die in Gruppen zusammengefaßt sind. Jede Gruppe läßt die Schallplatte des Hörers einmal hin und her gehen. Da die Zahl der Gruppen gleich der Zahl der Schwebungen ist (hier gleich $30-27=3$), so hört man einen Ton von dieser Schwingungszahl. Die gestrichelte Linie deutet die Schwingungen der Schallplatte an, die infolge ihrer Trägheit auf die einzelnen Stöße nicht anspricht. Nach diesem Verfahren werden heute die ungedämpften Sender hörbar gemacht und aufgenommen.

Die Hilfswelle kann kürzer oder länger sein als die Arbeitswelle. Sind beide gleich, so hört man nichts. Läßt man die Hilfswelle in stetiger Folge die ganze Nachbarschaft der Arbeitswelle durchlaufen, so hört man das beliebte Rückkopplungsgeheul, das ganz hoch einsetzt, bis zur unhörbaren Tiefe läuft und wieder zu den höchsten Tönen ansteigt. Man kann also denselben Schwebungston durch zwei verschiedene Einstellungen der Hilfswelle erhalten. Hierauf beruht ein für Telegraphie geeignetes Verfahren der Störungsbefreiung. Gibt ein Sender mit $\lambda = 300$ m, entsprechend der Frequenz $f = 1000000$ Hertz, während ein Störer mit $f = 1002000$ Hertz arbeitet, so hört man, falls beide Dauerstrich geben, einen Ton von 2000 Hertz. Überlagert man nun eine Hilfsfrequenz $f' = 1001000$ Hertz, so hört man beide in derselben Tonhöhe, nämlich mit 1000 Hertz. Ein einwandfreier Empfang ist ausgeschlossen. Wählt man aber $f' = 999000$ Hertz, so hört man den gewünschten Sender mit 1000, den Störer mit 3000 Hertz, was leicht auseinander zu halten ist.

5. Der Zwischenfrequenzempfang.

Man weiß aus Erfahrung, daß Hochfrequenzverstärker für kürzere Wellen, etwa von 1000 m abwärts, immer schlechter arbeiten. Man hilft sich daher vielfach so, daß man der aufgenommenen kurzen Welle eine solche Welle überlagert, daß die Schwebungswelle in den günstigsten Bereich eines Hochfrequenzverstärkers fällt, z. B. $\lambda = 5000$ m. Ein solches Gerät läßt sich in hoher Vollkommenheit herstellen und wird für den Empfang aller kürzeren Wellen benutzt. Damit aber die beiden Wellen vollkommen miteinander verschmelzen, ist die Einschaltung eines Gleichrichters nötig, der, wie schon besprochen, die eine Stromhälfte unterdrückt. Leitet man nun die andere Hälfte in einen auf die Schwebungsfrequenz abgestimmten Schwingungskreis, so verschwinden die beiden ursprünglichen Wellen vollständig, und es bleibt nur die Schwebungswelle übrig, die zugleich auch die Tonkennung (die Modulation) der Empfangswelle übernimmt. Nach genügender Verstärkung der Schwebungswelle wird schließlich ein Gleichrichter angeschlossen, der die Schwebungswelle unterdrückt und den Hörer speist. Nach Bedarf kann man noch einen Tonfrequenzverstärker und Lautsprecher anbringen. Ein solches Gerät, das heute für den Rundfunkempfang wohl das Vollkommenste darstellt, heißt Zwischenfrequenzempfänger, auch Superheterodyn- oder Transponierungsempfänger.

Der grundsätzliche Aufbau eines Zwischenfrequenzempfängers ist in Abb. 142 dargestellt. Die Antenne und der Überlagerer *Ü* wirken auf den Empfänger *E*. Die Schwebungen gelangen in den Gleichrichter *Gl 1* und von da in den scharf abgestimmten

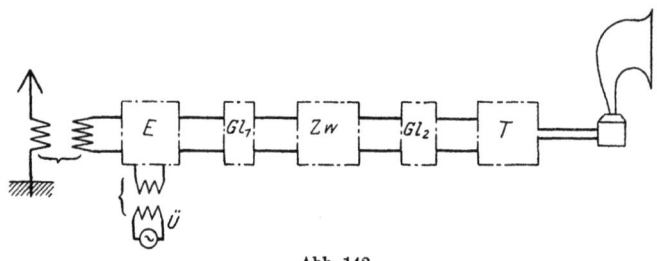

Abb. 142.

Zwischenfrequenzverstärker *Zw*, der seine Energie an den Gleichrichter *Gl 2* abgibt. Es folgt ein Tonfrequenzverstärker *T* und ein Lautsprecher. Die einzelnen Teile können durch Rückkopplung mehr oder weniger entdämpft werden, um die Empfindlichkeit zu erhöhen.

H. Stromquellen.

1. Allgemeines.

Daß für den Betrieb eines Senders Stromquellen nötig sind, ist ohne weiteres verständlich, denn woher sollte sonst die elektrische Energie kommen, die ausgestrahlt wird. Aber auch für den Empfänger braucht man Stromquellen, wie aus den Abschnitten über die Elektronenröhre hervorgeht.

Die Urform des elektrischen Stromes, soweit ihn der Funkfreund verwendet, ist der Gleichstrom. Am einfachsten ist es, wenn man ihn aus Elementen entnehmen kann. Allerdings ist die Kilowattstunde dabei nicht gerade billig. Besser ist man bei Sammlern gestellt, die mit Maschinenstrom geladen werden. Rechnet man mit einem Wirkungsgrad von 75%, so ist der Preis der hineingesteckten kWh durch 0,75 zu teilen, um den Preis der entnommenen kWh zu erhalten. Das gilt aber nur, wenn ohne Verlust, d. h. ohne Vorschaltwiderstand, geladen wird.

Will man die Verluste und Kosten der Umformung ersparen, so verwendet man den Strom des Starkstromnetzes unmittelbar zum Betrieb der Geräte.

Eine große Schwierigkeit liegt darin, daß die Starkstromnetze mehr und mehr mit Wechselstrom von 50 Hertz gespeist werden, der eine besondere Behandlung erfordert.
Schaltet man Stromquellen **parallel**, so müssen sie gleiche Klemmenspannung haben. Auch sollen ihre inneren Widerstände möglichst gleich sein oder durch zugeschaltete Widerstände gleichgemacht werden, damit sie bei wechselnder Belastung gleichmäßig beansprucht werden.
Bei **Reihenschaltung** müssen alle Stromquellen für dieselbe Stromstärke gebaut sein. Ihre Einzelspannungen addieren sich.

2. Sammler.

Zum Laden der Sammler ist Gleichstrom nötig. Ist nur Wechselstrom vorhanden, so muß man einen Gleichrichter zwischen Wechselstromquelle und Sammler schalten. Die einfachste **Ladeschaltung** zeigt Abb. 143. Man beachte auch bei 110 V, daß Starkstrom gefährlich ist und daß man die Berührung blanker Teile, die unter Spannung stehen, unbedingt vermeiden muß. Eine oder zwei Zellen kann man bequem und sozusagen kostenlos mit dem Lichtstrom laden, indem man eine Sicherung herausnimmt und durch eine besondere Ladesicherung

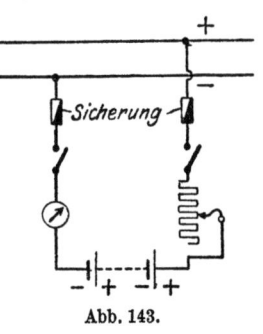

Abb. 143.

ersetzt, die mit Klemmen zum Anschluß der Sammler versehen ist. Wenn möglich benutzt man die in der geerdeten Leitung liegende Sicherung zum Laden.

3. Gleichrichter.

a) Vorbemerkungen. Aufgabe eines Gleichrichters ist, einen Strom wechselnder Richtung in einen Strom gleichbleibender Richtung umzuformen. Der eigentliche Gleichrichter klappt dabei die eine Halbwelle des Wechselstroms um, so daß man einen zeitlichen Stromverlauf wie auf Abb. 144 erhält, während das Ventil den „Fehlwechsel" unterdrückt; hier fließt während einer halben Periode gar kein Strom. Man nennt auch das Ventil einen Halbweg-Gleichrichter, den eigentlichen Gleichrichter einen Vollweg-Gleichrichter.

72 Stromquellen.

Den Unterschied zwischen einem Ventil und einem Gleichrichter kann man sehr einfach durch die Abb. 145 und 146 klarstellen. Abb. 145 zeigt eine Wechselstromquelle, einen Sammler und einen einpoligen Schalter, der immer dann geschlossen wird, wenn der Strom die „Laderichtung" hat, und geöffnet wird, wenn er entladen will. Das ist das Schema eines Ventils. Dagegen stellt Abb. 146 den Gleichrichter dar: ein Stromwender wird fortwährend im Takt der Stromwechsel umgelegt. Dieselbe Wirkung erzielt man mit der Schaltung Abb. 147, wo der Umschalter mit der Frequenz des Wechselstroms hin und her schwingt. Die

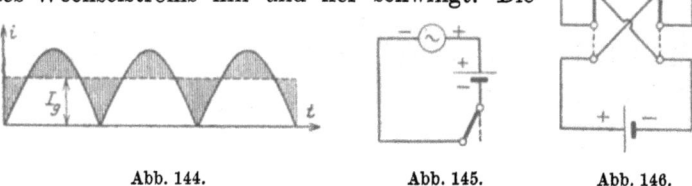

Abb. 144.   Abb. 145.   Abb. 146.

Schaltung ist durch eine Verdoppelung der Abb. 145 entstanden. Ein Mangel der Schaltung besteht darin, daß immer nur die eine Stromquelle arbeitet. Eine Verbesserung bringt die Schaltung 148, die beide Halbwellen der Stromquelle voll ausnutzt. Trotzdem ist die Schaltung 147 in der Praxis häufiger zu finden, weil sie einfacher ist.

Dem praktischen Gebrauch entsprechend, wird im folgenden kein Unterschied zwischen Gleichrichter und Ventil gemacht.

Man kann den in Abb. 144 dargestellten gleichgerichteten Strom auffassen als einen reinen Gleichstrom von der Stärke I_g, dem ein Wechselstrom mit den schraffierten Ordinaten überlagert ist. Die Schwankungen des Gleichstroms bzw. der übergelagerte Wechselstrom sollen möglichst klein sein. Daher schaltet man gern in die Gleichstromleitung eine Drosselspule (D, Abb. 149), die den Wechselstrom unterdrückt, und gelegentlich auch einen großen Kondensator parallel zum Gleichstromverbraucher, der den Wechselstrom vorbeileitet (C, Abb. 156).

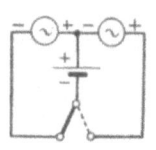

Abb. 147.

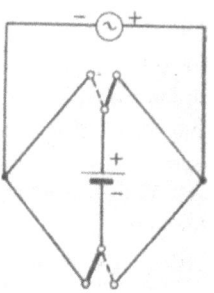

Abb. 148.

b) Elektrische Gleichrichter. α) Der elektrolytische Gleichrichter. Eine Eisen- und eine Aluminiumelektrode tauchen in eine Lösung von Soda, doppeltkohlensaurem Natron, Borsäure u. ä. Ist die Aluminiumplatte gerade positiv, so bildet sich durch Zersetzung der Lösung an ihrer Oberfläche Sauerstoff, der sofort eine nichtleitende Verbindung eingeht. Bei Umkehr der Stromrichtung verschwindet sie wieder. Man kann nach Abb. 145 bis 148 schalten. Abb. 145 erfordert eine, 147 zwei und 148 vier Zellen. Es empfiehlt sich, nach Abb. 150, die der Schaltung 145 entspricht, stets einen Widerstand R einzuschalten, um Überlastung des Gleichrichters bzw. des Sammlers zu vermeiden.

Dieser Gleichrichter ist sehr leicht zu bauen, er hat aber einen schlechten Wirkungsgrad.

β) Die Elektronenröhre. Jede gewöhnliche Verstärkerröhre kann als Halbweg-Gleichrichter dienen. Zur Verringerung des inneren Widerstandes verbindet man das Gitter mit der Anode, Schaltung wie beim elektrolytischen Gleichrichter. Vgl. auch Abb. 19 und 156. Als Vollweg-Gleichrichter mit einer Glühkathode und zwei Anoden, die wie beim Quecksilberdampfgleichrichter im Gegentakt arbeiten, eignet sich die Elektronenröhre nicht, weil immer die eine Anode sich bemüht, als Gitter den Elektronenstrom der anderen Anode zu steuern. Man ist hier gezwungen, zwei vollständige Halbweg-Gleichrichter, bestehend aus je einer Glühkathode und einer Anode, in dasselbe Rohr einzubauen (Radioröhrenfabrik Hamburg).

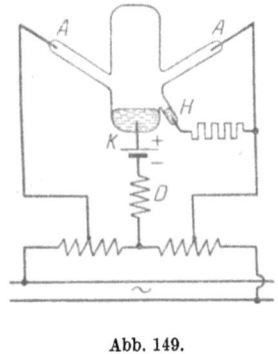
Abb. 149.

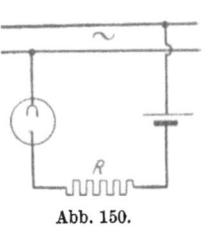
Abb. 150.

γ) Die Glimmröhre. Während die Elektronenröhre vollkommen luftleer ist und eine geheizte Kathode besitzt, enthält die Glimmröhre ein leicht ionisierbares Gas und eine kalte Kathode. Für die Elektroden werden zwei Metalle gewählt, die dem Austritt der Elektronen sehr verschiedene Widerstände entgegensetzen, so daß auf diese Weise eine einseitige Leitfähigkeit zustande kommt. Man schaltet wie beim elektrolytischen Gleichrichter. Höchste zulässige Stromstärke etwa 0,25 A.

δ) **Der Quecksilberdampfgleichrichter.** Der untere Teil K eines Glaskolbens Abb. 149 ist mit Quecksilber als Kathode gefüllt. An den Seiten sind zwei, drei oder mehr Arme A angebracht, die als Träger der Anoden dienen. Der freie Innenraum ist möglichst leer gepumpt. Da aber das Quecksilber auch bei Zimmertemperatur bereits verdampft, so füllt sich der Raum von selbst mit Quecksilberdampf von sehr geringem Druck.

Nachdem die Schaltung Abb. 149 aufgebaut ist, kippt man das Gefäß, so daß das Quecksilber der Kathode K sich mit dem Quecksilber der Hilfsanode H berührt. Beim Wiederaufrichten entsteht ein Lichtbogen, der sofort zur positiven Anode überspringt. Sobald diese aber infolge des ständigen Polwechselns negativ wird, springt er zur nächsten Anode usw. In der mittleren Leitung fließt dabei ein Gleichstrom, der um so glatter ist, je mehr Phasen der Wechselstrom hat. Außerdem wirkt die Drosselspule D glättend. Die Anordnung entspricht dem Schema Abb. 147.

Verglichen mit den vorher erwähnten Anordnungen arbeitet dieser Gleichrichter wirtschaftlicher. Er ist aber auch erheblich teurer. Da alle diese Gleichrichter selbst eine ziemlich hohe Spannung verbrauchen, so ist es vorteilhaft, stets eine große Anzahl Zellen zum Laden in Reihe zu schalten. Z. B. verbraucht der Quecksilberdampfgleichrichter etwa 15—20 V, die Glimmröhre 65—70 V für sich selbst!

ε) Eine Mittelstellung zwischen Glimmröhre und Bogenlampe nehmen die kürzlich auf dem Markt erschienenen **Rectron-Gleichrichter** ein. Diese besitzen eine mit Wechselstrom geheizte Kathode, offenbar einen Oxydstift, und eine Gasfüllung. Das Gas ist nach Druck und Zusammensetzung so gewählt, daß der innere Spannungsabfall bei entsprechender Belastung auf etwa 8 Volt sinkt. Die Zündspannung beträgt ungefähr 16 Volt, d. h. das Innere der Röhre wird erst beim Anlegen von 16 Volt leitend.

Die Rectron-Röhren geben Gleichstrom von wenigen Milliampere aufwärts bis etwa 2 Ampere, während der wirtschaftliche Arbeitsbereich des Quecksilberdampfgleichrichters von 2 Ampere aufwärts liegt.

Auch Philips baut ähnliche Röhren.

c) Mechanische Gleichrichter. Für die Gleichrichtung niederfrequenter Wechselströme hat man schwingende und umlaufende Schalter gebaut, die im Takt des Wechselstroms entsprechend den Abb. 145 bis 148 schalten. Die gebräuchlichste Form ist der Pendelgleichrichter. Abb. 151 zeigt die Schaltung von Schüler. Zieht die Magnetspule ihren Anker an, so fließt infolge des hohen Spulenwiderstandes nur ein ganz schwacher Strom. Beim Abfallen schließt der Anker die Spule kurz, und es entsteht ein kräftiger Strom, der den Sammler ladet, während der schwache Gegenstrom ihn kaum merklich entladet. Da der Magnet in beiden Stromrichtungen seinen Anker anzieht, so muß man eine Vormagnetisierung einführen, indem man entweder einen Stahlmagnet verwendet, oder indem man einen Gleichstrom zu Hilfe nimmt, hier z. B. den Sammlerstrom. Die Schaltung, die nach Abb. 145 arbeitet, kann ohne große Schwierigkeit auch nach Abb. 146 und 147 erweitert werden.

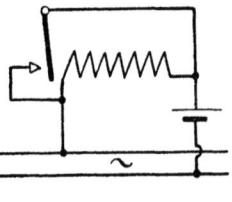

Abb. 151.

Schaltet man vor den Gleichrichter einen passend gewählten Transformator, so kann man selbst einzelne Zellen mit gutem Wirkungsgrad laden. Der mechanische Gleichrichter dürfte sich am meisten für den Bastler eignen, da er mit geringen Kosten selbst zu bauen ist. Bequemer sind die elektrischen Gleichrichter.

4. Das Starkstromnetz.

a) Gleichstrom. Der Starkstrom des Netzes kann sowohl für die Heizung wie für die Anode verwendet werden, auch

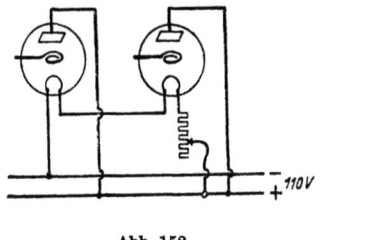

Abb. 152.

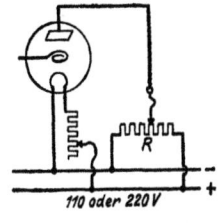

Abb. 153.

gleichzeitig. Da man 110 oder gar 220 V zur Verfügung hat, so muß man vor den Heizdraht einen großen Widerstand schalten.

Um zu sparen, empfiehlt es sich, alle Heizdrähte nach Abb. 152 in Reihe zu schalten. Die Drähte selbst liegen am —-Pol, der Widerstand vor dem +-Pol, die Anoden natürlich am +-Pol. Hörer, Transformatoren, Schwingungskreise werden wie auch sonst geschaltet. Will man die Anodenspannung einstellen, so ist nach Abb. 153 ein Spannungsteiler R von 500 bis 1000 Ω zu verwenden. Dem Gitter eine einstellbare negative Vorspannung zu geben, macht einige Schwierigkeiten.

Leider ist der Netzgleichstrom kein reiner Gleichstrom, wie ihn Elemente liefern. Er ist stets von einem tonfrequenten Wechselstrom überlagert. Um diesen zu unterdrücken, wendet man nach Abb. 154 eine Siebkette an, die aus Kondensatoren zum Kurzschließen und Spulen zum Abdrosseln besteht. R kann wieder wie oben gewählt werden, C_1 soll mindestens gleich 10, C_2 gleich 2 Mikrofarad sein. L darf einige Henry betragen; beide Spulen wickle man gleichsinnig auf einen Eisenkern (etwa einen Transformatorkern).

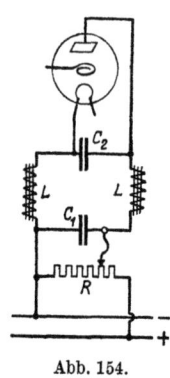

Abb. 154.

Hat das Netz zwei spannungsführende Außenleiter und einen geerdeten Mittelleiter, so schließe man den Heizdraht an diesen Erdleiter und die Anode an den +-Leiter an.

Um Beschädigungen der Röhren zu verhindern, vermeide man leitende Verbindungen zwischen Röhren und Antenne (oder man benutze den Nulleiter als Erde, was aber weniger empfehlenswert ist).

Wenn es nicht gelingt, den störenden Wechselstrom völlig zu unterdrücken, dann empfiehlt sich die Anwendung der Gegentakt-Schaltung. Hierbei müssen entweder zwei gewöhnliche, aber möglichst gleiche Röhren verwendet werden, oder man benutzt das Pentatron, das neben einem Heizdraht 2 Gitter und 2 Anoden besitzt.

b) Wechselstrom. Keineswegs schwerer ist die Aufgabe, einen befriedigend arbeitenden Netzanschluß zu bauen, wenn nur Wechselstrom vorhanden ist. Die Frequenz beträgt stets 50 Hertz, sie macht sich durch ein tiefes, aber eindringliches Brummen unangenehm bemerkbar.

Zum Heizen einer Röhre läßt sich mit bestem Erfolg die

Schaltung Abb. 155 verwenden. Ein kleiner Transformator (z. B. Klingeltransformator) speist den Heizkreis. Da seine Sekundärspannung etwa 3 Volt beträgt, so genügt der gewöhnliche Widerstand. Parallel zur Niederspannungswicklung legt man einen Spannungsteiler von 200 bis 500 Ω, an dessen Schieber das Gitter und die Anode angeschlossen werden. Man kann immer eine Einstellung finden, bei der das Brummen verschwindet, am besten bei Rückkopplung und Lautsprecher.

Die Anodenspannung kann man nicht unmittelbar dem Wechselstromnetz entnehmen. Hier ist es erforderlich, einen

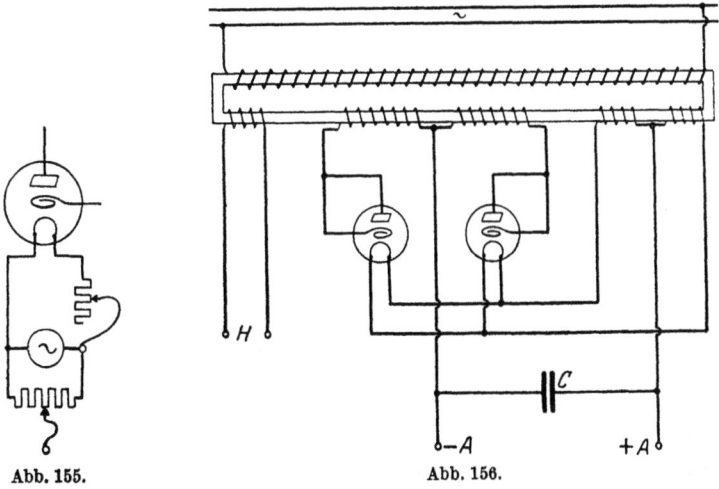

Abb. 155.   Abb. 156.

Transformator und einen Gleichrichter vorzuschalten. Eine bewährte Schaltung zeigt Abb. 156 (nach einer Blaupause der Körting & Mathiesen A.-G.). An das Wechselstromnetz wird ein Transformator angeschlossen, dessen Sekundärseite aus mehreren Wicklungen besteht. Die Klemmen H liefern den Heizwechselstrom für die Empfänger- und Verstärkerröhren. Die Klemmen $+A$ und $-A$ geben die Anodenspannung. Zweckmäßig ist es, zwischen $+A$ und $-A$ einen Spannungsteiler (Silitstab) mit mehreren Abgriffen zu legen, um die passende Gitter- und Anodenspannung zu wählen. Als Gleichrichter dienen hier Lautsprecherröhren, die in der Lage sind, mehrere gewöhnliche Röhren mit Anodenstrom zu versorgen.

Am besten arbeitet dieser Gleichrichter an einem Empfänger oder Verstärker in Gegentaktschaltung.

Es ist wohl selbstverständlich, daß alle Starkstrom führenden Teile den Vorschriften des Verbandes Deutscher Elektrotechniker genügen müssen.

I. Das Reinigen der Schwingungen.

1. Innere Störungen.

a) Wilde Schwingungen. Wenn ein Schwingungsgebilde in geeigneter Weise periodisch angestoßen wird, so entstehen seine Eigenschwingungen. Bekanntlich besteht ein „Schwingungsgebilde" aus einem Teil, der mit Selbstinduktivität, und einem Teil, der mit Kapazität behaftet ist. Beide Eigenschaften können getrennten Teilen zukommen, z. B. einer Spule und einem Kondensator. Sie können aber auch auf demselben Träger vereinigt sein, wie z. B. auf dem Antennendraht, der zugleich Induktivität und Kapazität besitzt. Wo nun diese beiden Leitereigenschaften zugleich vorkommen, da ist die Möglichkeit der Selbsterregung wilder Schwingungen gegeben. Gerade bei Röhrenschaltung ist jedes Stück Draht schon als „Schwingungskreis" verdächtig. Dabei können ganz überraschende Erscheinungen auftreten, wie z. B. folgende: Die wilden Schwingungen eines Senders hatten eine Stromstärke, die den Zeiger des Meßgerätes fast über die ganze Teilung ausschlagen ließen. Man schaltete daher zur Vorsicht ein Gerät mit dem doppelten Meßbereich ein. Erfolg: der Hitzdraht brannte durch, weil dieses Gerät weniger Widerstand hatte, also weniger Dämpfung gab. Ein vollkommenes Mittel gegen wilde Schwingungen gibt es nicht. Beim Aufbau der Schaltung achte man darauf, daß die Verbindungsdrähte der Einzelteile kurz und gerade sind, man vermeide Ecken und Locken, vermeide Parallelführungen, kreuze möglichst im rechten Winkel usw.

b) Andere Eigenstörungen. Die für den Aufbau eines Funkgerätes oder für die Stromversorgung dienenden Teile sind gelegentlich Ursache von Störungen. Hierher gehören Wackelkontakte. Verdächtig sind stets Drehkondensatoren hinsichtlich Plattenschluß, andrerseits ist die Stromzuführung durch

Lager und Achse zum drehbaren Teil keineswegs immer einwandfrei. Ebenso sind die Koppelvorrichtungen der Spulen auf guten Kontakt zu prüfen.

Lästige Störungen liefern die Stromquellen. Jede kleine Änderung des inneren Widerstands bedingt eine entsprechende Änderung der Stromstärke, die bei mehrfacher Verstärkung immer deutlicher wird. Hier kann man durch Nebenschalten eines großen Kondensators von mindestens 2, besser 10 μF abhelfen.

Verwendet man den Starkstrom eines Licht- oder Kraftnetzes, so ist man ganz besonders Störungen ausgesetzt. Der sogenannte „Gleichstrom" ist kein reiner Gleichstrom, wie sich aus seiner Entstehungsgeschichte klar ergibt. Jeglicher technische Gleichstrom wird nämlich in Maschinen erzeugt, deren Wicklungen Wechselstrom führen. Durch Einfügen eines Kommutators in die Maschine bzw. durch Verwendung eines außerhalb liegenden Gleichrichters wird die zweite Hälfte des Wechselstroms umgekehrt und somit ein Strom gleicher Richtung, aber nicht gleicher Stärke gewonnen. Durch geeignete Glättungsverfahren wird der Gleichstrom für technische Zwecke genügend geebnet, für den Funkbetrieb genügt er noch nicht. Hier ist es notwendig, wie auf der Abb. 149 angegeben, durch Spulen D den restlichen Wechselstrom zu unterdrücken oder durch Kondensatoren C nach Abb. 156 kurz zu schließen, ehe er in die Funkgeräte eindringt. Hervorragend eignet sich für die Befreiung von diesen Netzstörungen die „Gegentaktschaltung", Abb. 73 und 74, bei der sich die aus den Stromquellen stammenden Störungen von selbst aufheben.

Noch schwieriger ist die Beseitigung der Störungen, die ein Betrieb mit Wechselstrom bringt. Ein Gerät mit nur einer Röhre kann ohne weiteres mit Wechselstrom geheizt werden. Die Anodenspannung muß stets einem Gleichrichter entnommen werden. Für den Betrieb mehrerer Röhren mit Wechselstrom ist nur die Gegentaktschaltung brauchbar.

2. Äußere Störungen.

a) Fremde Sender. Die Antenne wird von jeder elektromagnetischen Störung, die an ihr vorbeiläuft, erregt. Diese Tatsache läßt sich nur dadurch verhindern, daß man die Antenne durch einen leitenden Käfig abschirmt, wodurch aber jeglicher Empfang verhindert wird. Immerhin gibt es Anordnungen, die eine gewisse Schutzwirkung besitzen, derart, daß Wellen beliebiger Länge aus einer Richtung bevorzugt, aus einer anderen Richtung benachteiligt werden. Solche Anlagen sind aber umständlich und teuer und haben daher für den Liebhaber wenig Interesse. Viel einfacher kann man dieses Ziel mit dem Empfangsrahmen erreichen. Gegeben sei ein rechteckiger Rahmen, zwei Seiten mögen senkrecht, zwei wagrecht verlaufen. Die Betrachtung läßt sich sinngemäß auf jede Rahmenform und -lage übertragen. Schwingt der Sender, so schneiden die Linien seines magnetischen Feldes die beiden senkrechten Teile des Rahmens und induzieren elektromotorische Kräfte, die im Raum gleich gerichtet sind, tatsächlich aber gegeneinander wirken und sich mehr oder weniger aufheben. Zeigt die Rahmenebene zum Sender hin, so ist der eine senkrechte Draht dem Sender am nächsten, der andere am weitesten entfernt und der Unterschied der EMK am größten, der Empfang am lautesten. Dreht man den Rahmen um 90°, so haben beide senkrechten Seiten denselben Abstand vom Sender, ihre EMK heben sich auf. Diese Tatsache gibt uns ein Mittel an die Hand, ungewünschte Sender unschädlich zu machen. Man stellt seinen Rahmen senkrecht zur Ausbreitungsrichtung der Störwellen. Das Minimum ist ziemlich scharf, muß also genau eingestellt werden, während das Maximum viel unschärfer ist, so daß man selbst bei 45° Abweichung noch nicht viel verliert.

Der Empfang mit der Hochantenne ist nicht gerichtet. Jeder Störer tritt daher mit voller Stärke auf. Hier muß man durch Maßnahmen der Abstimmung und Schaltung den Störer unschädlich machen. Durch das Abstimmen räumt man dem Empfangsstrom alle Schwierigkeiten aus dem Wege. Der induktive Widerstand ωL hebt den kapazitiven Widerstand $1/\omega C$ gerade auf, so daß nur der Ohmsche Widerstand R übrig bleibt. Man wird also danach streben, R nach Möglichkeit zu verringern, ein Bestreben, das der Amerikaner mit dem Kennwort „low loss" — geringe Verluste — bezeichnet. Einige wichtige Punkte sind: Gute Erde, kurze gerade Leitungen, Vermeiden schädlicher Induktion (Wirbelströme) in massigen Leitern wie Kondensatorplatten, Metallgehäusen usw.; Verwendung schwach gedämpfter

Äußere Störungen.

Zwischenkreise, Entdämpfung durch rückgekoppelte Röhren. Andrerseits kann man mit Hilfe von Abstimmitteln dem Störstrom große Hindernisse bieten in Form von Sperrkreisen. Bekanntlich ist der Widerstand eines solchen Kreises gegenüber der Resonanzwelle

$$\Re = \frac{L}{C \cdot R}.$$

Durch Wahl einer hohen Selbstinduktivität, kleiner Kapazität und geringen Ohmschen Widerstandes läßt sich der Sperrwiderstand für die Resonanzwelle außerordentlich hoch treiben.

Geeignete Schaltungen zeigen die Abb. 157 bis 159. Die Schaltung 157 enthält einen Sperrkreis *1*, der auf die längere Welle abgestimmt wird, während die Teile *2* der kürzeren Welle anzupassen sind. Will man die lange Welle aufnehmen, so koppelt man den Empfänger mit der Spule *1*, dagegen ist er für die Aufnahme der kurzen Welle mit *2* zu koppeln.

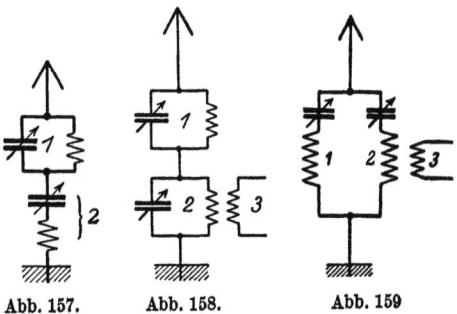

Abb. 157.   Abb. 158.   Abb. 159.

Die beiden anderen Schaltungen wirken ähnlich. *3* bedeutet den Gleichrichterkreis. Besonders wirksam wird die Schaltung 159, wenn man nach Abb. 160 noch ein Abstimmglied in die gemeinsame Antennenleitung legt. Hiermit wird zunächst der obere Teil, die eigentliche Antenne, auf die Störwelle abgestimmt, wobei man *a* erdet. Ist nun der Kondensator und die Spule des Weges *1* ebenfalls in Resonanz mit der Störwelle, so haben die Punkte *a* und *b* das Potential *0*, man kann die Erdung von *a* wegnehmen und nun den Weg *2* auf die gewünschte Welle abstimmen.

Ein anderes Hilfsmittel, Störströme unschädlich zu machen, ist der Leitkreis. Hierbei wird parallel zum Empfänger eine Anordnung, bestehend aus einer Spule in Reihe mit einem Drehkondensator, geschaltet, die bei Resonanz der Störwelle den kleinsten Widerstand bietet (Kreis 1 in Abb. 159).

Auch eine Vereinigung von Sperr- und Leitkreis kann Erfolg haben.

Ganz allgemein ist aber bei allen diesen Schaltungen mit abgestimmten Kreisen zu beachten, daß sie **äußerst geringe Dämpfung** haben müssen, sonst ist eine Wirkung nicht zu spüren, oder sie besteht nur in einer Schwächung des beabsichtigten Empfanges.

b) Atmosphärische Störungen. Die Erde besitzt ein elektrisches Feld, dessen Änderungen sich durch Ströme in der Antenne störend bemerkbar machen. Soweit diese Störungen als Schwingungen verlaufen, kann man sie wie einen unerwünschten Sender auskoppeln. Vielfach sind sie aber aperiodischer Natur, sie verlaufen als kurze harte Stöße, die wie ein Hammerschlag auf das Klavier alle erreichbaren Schwingungsgebilde in ihrer Eigenwelle anstoßen. Das schärfste Mittel, diese Antennenschwingungen zu unterbinden, besteht in der Einschaltung eines solchen Widerstandes, daß die Antenne selbst nicht mehr schwingen kann, daß sie aperiodisch wird. Das setzt natürlich eine sehr hohe Empfangsenergie voraus.

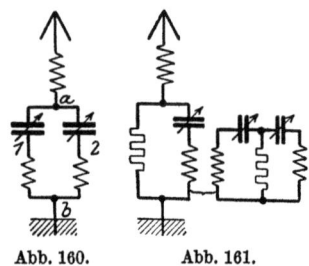

Abb. 160. Abb. 161.

Ein brauchbarer Mittelweg ergibt sich, wenn man die Schaltung Abb. 160 heranzieht. Man stimmt wie schon besprochen den oberen Teil ab, indem man a erdet, aber diesmal auf die Empfangswelle, legt dann die Erde an b und stimmt den Weg 1 auf dieselbe Welle ab. Statt des Weges 2 schaltet man einen passenden Ohmschen Widerstand ein, der die Störungsströme aufnimmt. Diesen Grundsatz der Dämpfungserhöhung kann man auf die Zwischenkreise entsprechend Abb. 161 übertragen.

Beim Herannahen eines Gewitters können die Störströme so groß werden, daß sie das Empfangsgerät gefährden, und entsprechend wachsen die Spannungen. Für diesen Fall muß die Antenne mit einem „Blitzschutz" versehen werden, vgl. Abschnitt B 8.

J. Vollständige Schaltungen.

Nachdem der Leser in den vorhergehenden Abschnitten auf alle wichtigen Gesichtspunkte der Funkschaltungen aufmerksam gemacht worden ist, bleibt noch die Aufgabe übrig, ganze Schaltungen zu besprechen. Eine auch nur angenäherte Vollständigkeit ist nicht beabsichtigt, da sie wegen des Stoffumfanges unmöglich ist. Aber sie ist auch für das Verständnis nicht notwendig, da dieselben leitenden Grundgedanken immer wiederkehren.

1. Die Abstimmung.

Durch Vergrößern von $C \begin{Bmatrix} \text{und} \\ \text{oder} \end{Bmatrix} L$ wächst die Wellenlänge, durch Verkleinern sinkt sie. Die Durchführung dieses Satzes ergibt die Möglichkeiten der Abstimmung. Die Abb. 22, 26, 29, 30, 32 und 162 zeigen die Anwendung auf die Abstimmung der Antenne. In allen Fällen dient die Spule und der Kondensator C_l zum Verlängern der Welle, der Kondensator C_k zum Verkürzen. Die Schaltung Abb. 162 hat den Vorteil großer Anpassungsfähigkeit an alle Wellen und Antennenwiderstände. Den Rahmen stimmt man grob ab durch Wahl der Windungszahl, fein durch den Kondensator C, Abb. 27. Die Spule L ist manchmal entbehrlich.

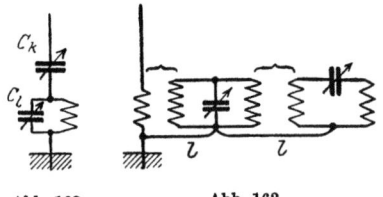

Abb. 162.   Abb. 163.

Zwischenkreise dienen zur Erhöhung der Abstimmschärfe. Man kann sie nach Abb. 16 oder 17 schalten. In Verbindung mit der Antenne erhält man die Schaltung 163, wo beide Möglichkeiten ausgenutzt sind. Ebenso koppelt man Zwischenkreise mit dem Rahmen, wobei man die Spule L, Abb. 27, benutzt. Zu beachten sind die Leitungen l. Da die Metallflächen der gekoppelten Spulen einen Kondensator bilden, auf dem sich störende Ladungen sammeln können, so ist ein Kurzschluß dieser Kapazität durch l oft gut.

Empfänger für kurze Wellen arbeiten meistens ohne Antennenabstimmung, jedoch liegt dann ein abstimmbarer Kreis zwischen Antenne und Gitter.

2. Das Anschalten des Gleichrichters.

a) Der Kristalldetektor. Die Schaltungen Abb. 34 und 35 werden induktiv (Abb. 164) oder galvanisch mit einer der oben erwähnten Antennenschaltungen verbunden. Der Rahmen ist für Detektorempfang zu unempfindlich. Eine kapazitive Kopplung nach Abb. 165 ist falsch, weil der vom Detektor zu erzeugende Gleichstrom keinen geschlossenen Weg findet. Daher muß auch bei Verkürzung (Abb. 22) eine Spule eingeschaltet

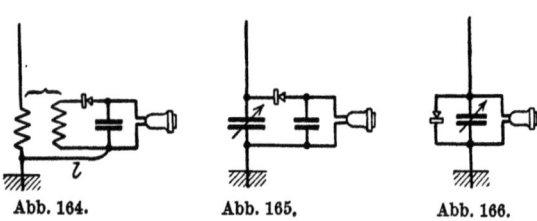

Abb. 164.   Abb. 165.   Abb. 166.

werden, am besten in Reihe mit C_k. Wenn der Hörer nicht zu viel Kapazität besitzt, dürfte die Schaltung Abb. 166 ausführbar sein. Nötigenfalls schaltet man eine Drosselspule vor den Hörer, die den Hochfrequenzstrom zurückhält. Bei der Schaltung Abb. 29 (Abstimmung durch eine Drehspule) ist der Detektorkreis möglichst nur mit einer Spule induktiv oder galvanisch zu koppeln, da es vorkommen kann, daß die beiden Abstimmspulen gegeneinander arbeiten.

b) **Die Röhre.** α) Anodengleichrichtung. Die Schaltung Abb. 37 ist bereits auf S. 19 besprochen worden. Die Röhre wirkt hierbei als Hochfrequenzverstärker und als Gleichrichter. Auch bei Röhrenschaltungen empfiehlt sich das Anbringen der Leitung l.

β) Audion. Die grundsätzliche Audionschaltung Abb. 39 ist irgendwie mit der Antenne oder dem Rahmen zu koppeln,

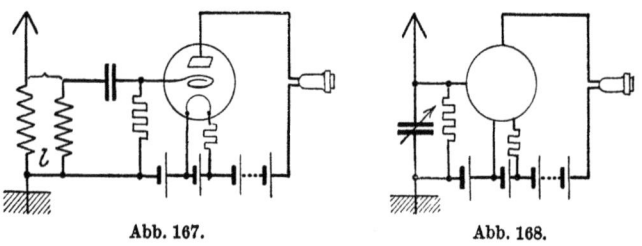

Abb. 167.   Abb. 168.

z. B. induktiv nach Abb. 167. Sehr einfach ist die kapazitive Kopplung nach Abb. 168. Die Röhre arbeitet als Gleichrichter und Tonfrequenzverstärker.

Das Anschalten des Gleichrichters. 85

γ) Schwingaudion. Die Rückkopplung erhöht die Empfindlichkeit eines Empfängers ungemein; sie wird daher bei allen Röhrengeräten angewandt. Einige Möglichkeiten induktiver Rückkopplung bringen die Abb. 169—171. Damit die Entdämpfung aller Empfangskreise wirklich zustande kommt, muß auf die Antenne rückgekoppelt werden, natürlich nur so schwach, daß sie nicht selber schwingt.

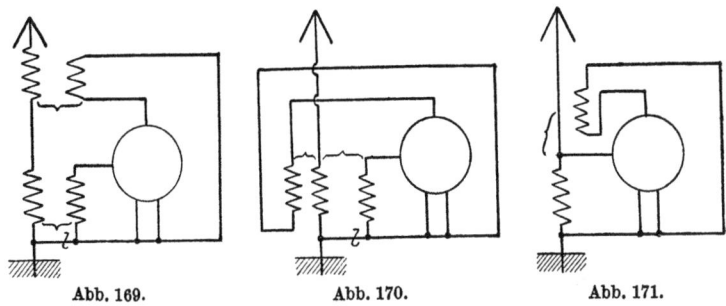

Abb. 169.   Abb. 170.   Abb. 171.

Auf die Abstimmung der Antenne bzw. des Rahmens ist in den letzten Schaltungen keine Rücksicht genommen worden; ebenso sind selbstverständliche Teile der Röhrenkreise, wie z. B. Stromquellen, Widerstände usw. weggelassen, um die Zeichnung einfach und übersichtlich zu halten.

Eine sehr wirkungsvolle und daher beliebte Schaltung ist die Anordnung von Leithäuser, Abb. 100, mit den Änderungen von Reinartz, Abb. 172. Gitter und Anode

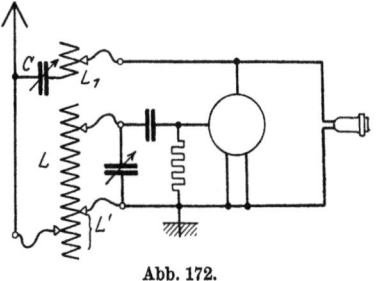

Abb. 172.

sind mittels der Spule L induktiv rückgekoppelt. Beide Abgriffe sind einstellbar, so daß man stets die günstigste Windungszahl wählen kann, die von den Eigenschaften der Antenne, der Röhre und der Wellenlänge abhängt. Zur Feinstellung der Rückkopplung dient der Drehkondensator C und die Spule L_1, die aber auch entbehrt werden kann. Fälschlich wird diese Art der Einstellung als kapazitive Rückkopplung bezeichnet. In Wirklichkeit dient der Kondensator C bzw. der kapazitive Widerstand

$1/\omega C$ nur dazu, die induktive Rückkopplung bzw. den induktiven Widerstand $\omega L'$ zu verändern, da der resultierende Widerstand im linken Anodenkreis sich zusammensetzt aus $\omega L' - 1/\omega C$.

3. Die Verstärkung.

a) Einfache Verstärkung. Will man einen sehr leisen Sender verstärken, so ist die Hochfrequenzverstärkung am Platz. Sie liefert eine solche Energievermehrung, daß man hinter dem Gleichrichter im Kopfhörer gut empfängt. Wünscht man nun zum Lautsprecherbetrieb überzugehen, so schaltet man einen Tonfrequenzverstärker hinter den Gleichrichter. Zwei einfache Schaltungen, eine für einen Kristallgleichrichter, die andere für ein Audion, bringen die Abb. 173 und 174. Die einzelnen

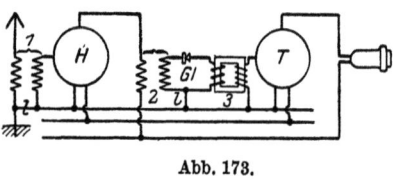

Abb. 173.

Röhren sind jeweils durch Transformatoren verbunden, die mit den Nummern *1, 2* und *3* versehen sind. H bedeutet Hochfrequenz, Gl Gleichrichter und T Tonfrequenz.

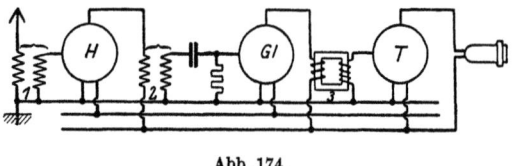

Abb. 174.

Wird bei Vielröhrengeräten die ungewollte Rückkopplung so stark, daß das Gerät dauernd schwingt, so muß man Rohr für Rohr entkoppeln. Am gebräuchlichsten ist die Schaltung Abb. 112, die man gewöhnlich als Neutrodynschaltung bezeichnet. Sie wird vorwiegend bei Hochfrequenzverstärkern von 3 und mehr Röhren angewandt.

b) Doppelverstärkung. α) Schaltungen mit Eingitterröhren. Die grundsätzlichen Schaltbilder bringen die Abb. 64 und 65, die durch einen Gleichrichterkreis nach Abb. 66 oder 67 zu vervollständigen sind. Die Abb. 175 und 176 sind entstanden aus der Vereinigung der Abb. 64 mit 66 bzw. 67. Die Transformatoren sind ebenso numeriert wie auf den Abb. 173 und 174.

Theoretisch sind die Schaltungen 173 und 175 sowie 174 und 176 gleichwertig; praktisch erspart man jeweils eine Röhre. Zu empfehlen ist, auf 173 und 174 einen Heizpol zu erden. Der Transformator *3* ist bei Verwendung eines Detektors als Eingangstransformator anzusehen und etwa 1:10 zu übersetzen; bei Gebrauch eines Audions ist er als Durchgangs- oder Zwischentransformator anzusehen und wird etwa 1:2 bis 1:3 übersetzt.

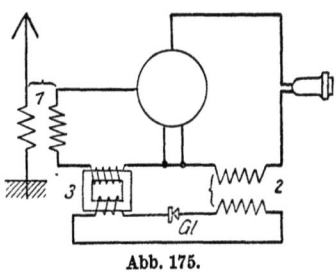

Abb. 175.

β) Schaltungen mit Doppelgitterröhren. In der Doppelverstärkungsschaltung kann die Eingitterröhre nur als Verstärker wirken, für die Gleichrichtung ist eine besondere Röhre erforderlich, die nur im Hochfrequenzkreis liegt und nur den hochfrequenten Wechselstrom gleich richtet. Der Tonfrequenzstrom darf nicht gleich gerichtet werden.

Die Doppelgitterröhre ermöglicht es, mit einer einzigen Röhre hochfrequent zu verstärken, gleichzurichten und tonfrequent zu verstärken. Geeignete

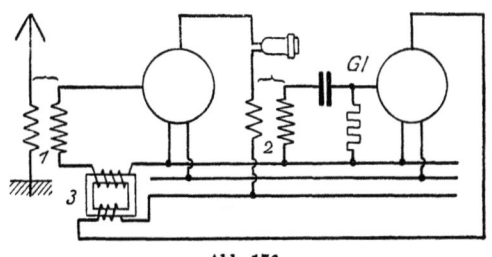

Abb. 176.

Schaltungen sollen aus der Grundform Abb. 177 abgeleitet werden. Die Antennenenergie wird, auf möglichst hohe Spannung transformiert, dem Innengitter zugeführt, das eine konstante Vorspannung von ungefähr 0 Volt gegen die Heizung hat. U. U. kann man in den Grenzen ± 2 Volt den günstigsten Wert erproben. Das Außengitter und die Anode bekommen positive Ladung, deren Höhe vom Erzeuger der Röhre anzugeben ist. Beide wirken als Anoden, d. h. sie führen verstärkten Strom von Hochfrequenz; beide Leitungen können zum Rückkoppeln auf die Antenne dienen. Durch die Wahl der positiven Spannung kann man den Arbeitspunkt auf den Kennlinien dieser beiden

Elektroden wandern lassen. Wünscht man günstigste Verstärkung, so muß man ihn mitten auf den steilsten Teil der Kennlinie legen; Gleichrichtung tritt ein, wenn der Arbeitspunkt am oberen oder unteren Knick der Kennlinie liegt. In Abb. 178 ist angenommen, daß die Anode gleich richtet. Der entstehende Tonfrequenzstrom wird durch den Transformator 3, der den Transformatoren 3 der vorhergehenden Schaltungen entspricht, wieder auf das Gitter

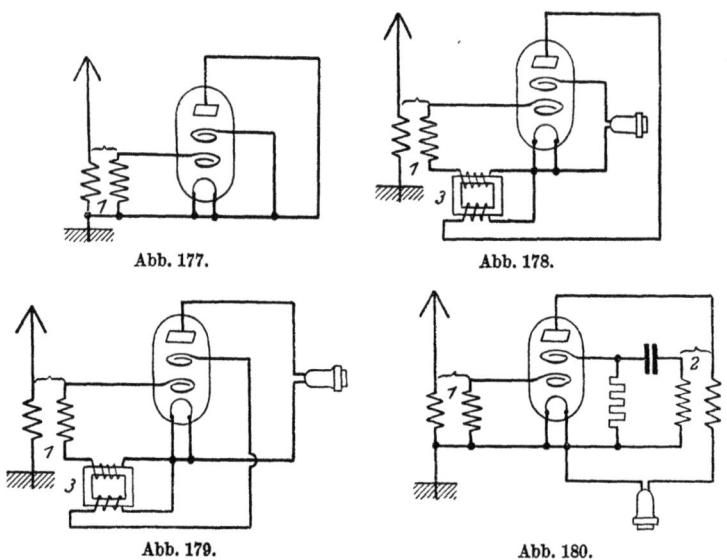

Abb. 177.   Abb. 178.

Abb. 179.   Abb. 180.

zurückgeworfen (reflektiert, daher Reflexschaltung), nochmals verstärkt und in der Außengitterleitung abgehört. Genau so, nur unter Vertauschung von Außengitter und Anode, arbeitet die Schaltung 179.

In der Schaltung Abb. 180 wird wieder die Antennenenergie vom Innengitter aufgenommen, verstärkt auf die Anode übertragen, aber nicht gleich gerichtet, sondern über den Transformator 2 an das Außengitter geleitet, das als Audion wirkt und den Tonfrequenzstrom im Anodenkreis verstärkt erscheinen läßt.

4. Die Gegentaktschaltung.

Sie ist eine ausgesprochene „Starkstrom"schaltung, da sie an das Starkstromnetz angeschlossen werden kann und wegen der Parallelschaltung der Röhren einen starken Strom liefert, der sich für Lautsprecher eignet.

Die Verstärkerschaltung, Abb. 74, enthält alle wichtigen Teile. An die Eingangsseite E ist die schwache Stromquelle anzuschließen, etwa die Anodenleitung der vorhergehenden Verstärkerröhre, an die Ausgangsseite A legt man den Lautsprecher.

Eine Empfängerschaltung zeigt die Abb. 181, die an eine beliebig abstimmbare Antenne oder an den Rahmen angelegt werden kann.

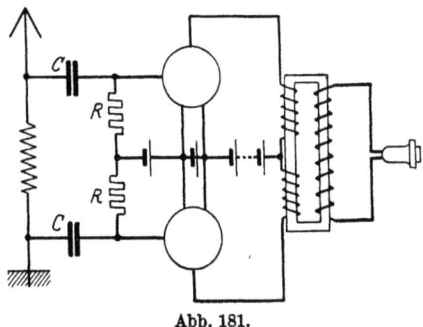

Abb. 181.

Vor den Gittern liegen die Kondensatoren C, als Ableitung dienen die Widerstände R. Es ist gut, wenn man einen Kondensator und einen Widerstand einstellbar wählt, weil man dann beide Röhren gleichmäßig belasten kann. Statt des Hörers könnte man eine weitere Verstärkerstufe mit 4 parallel arbeitenden Röhren, entsprechend den Abb. 78 bis 81, anbringen.

5. Die Pendelrückkopplung.

Es wird eine Hilfsstromquelle von etwa 10000—20000 Hertz eingeführt, die das Gitter- oder Anodenpotential um seinen Ruhewert pendeln läßt. In demselben Takt pendelt die Schwingneigung. Die Wechselstromquelle wird in Reihe oder parallel zum Gitter oder zur Anode gelegt.

a) Die Schaltung von Armstrong. Armstrong erzeugt die Hilfsschwingung mit einer der besprochenen Rückkopplungsschaltungen. Häufig wird der Empfang (d. i. die Entdämpfung der Empfangskreise und die Gleichrichtung des Empfangsstromes) und die Erzeugung der Hilfswelle einer einzigen Röhre übertragen.

Eine brauchbare Schaltung, bei der die Erzeugung des Hilfsstromes einer besonderen Röhre (unten) übertragen ist, enthält Abb. 182. Hier wird das Gitter der Hauptröhre (oben) vom Hilfsstrom beeinflußt. Die Antenne ist links oben wie in Schaltung 169 anzukoppeln. Wie man alles in einer einzigen Röhre vereinigt, ersieht man aus Abb. 183. Der unterste Schwingungskreis dient der Erzeugung des Hilfsstromes von etwa 10000 Hertz. Gitter

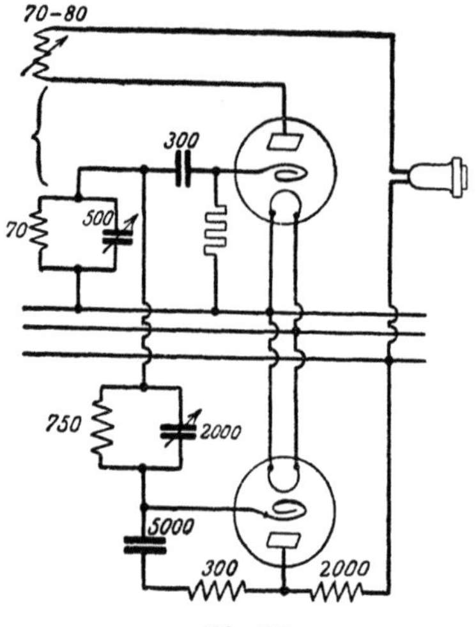

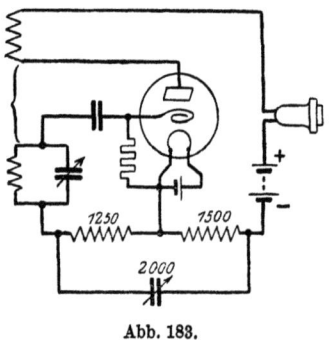

Abb. 182.

Abb. 183.

und Anode sind außerdem links oben untereinander und mit der Antenne bzw. dem Rahmen zum Entdämpfen des Hochfrequenzkreises gekoppelt.

b) Die Schaltung von Flewelling. Flewelling erzeugt den Hilfsstrom in einer Schaltung, die auf Abb. 128 zu finden ist. Für den Empfang ist mit den beiden Spulen noch die Antenne bzw. der Rahmen zu koppeln, z. B. indem man Erde und Antenne an *E* und *A* legt. Parallel zu der Spule *EA* kann man einen Abstimmkondensator für die hochfrequente

Abb. 184.

Abb. 185.

Abb. 186.

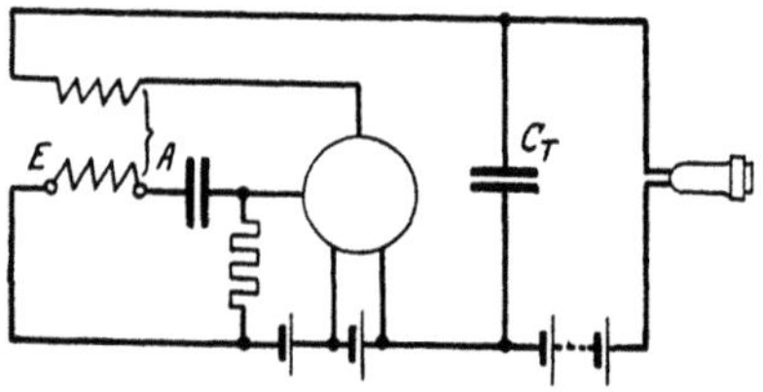

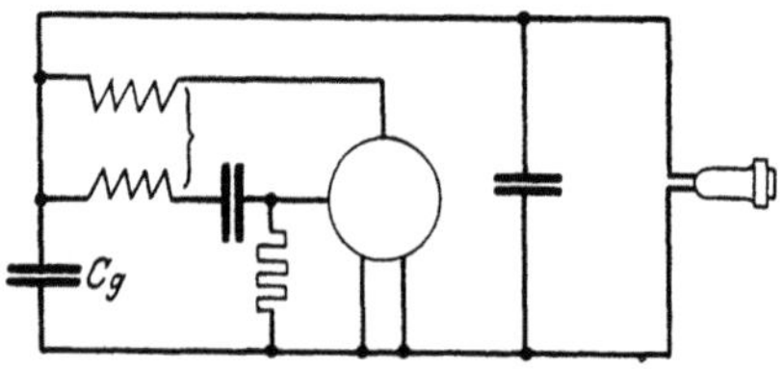

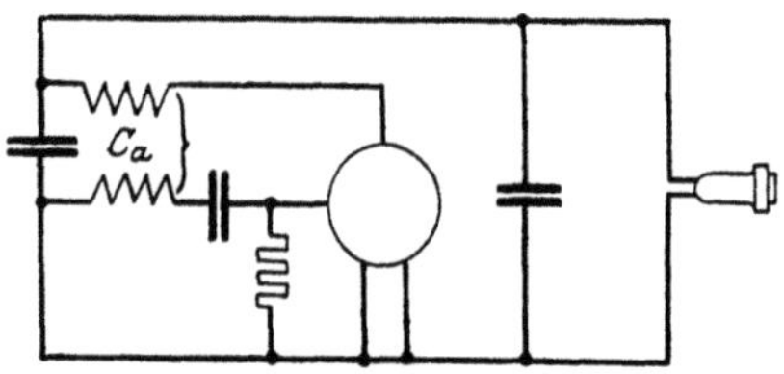

Empfangswelle legen. Die Frequenz der Hilfsschwingung läßt sich erhöhen durch Verkleinern der Kapazität C, Abb. 128, durch Losermachen der Rückkopplung und durch Verkleinern des Widerstandes R. Da die Hilfsschwingungen nur unter bestimmten günstigen Bedingungen entstehen, so ist die Überbrückung des Hörers und der Anodenstromquelle durch einen Kondensator C_T (etwa 2000 cm) vorteilhaft, Abb. 184.

Die Schaltungen Abb. 185 und 186 zeigen eine Überbrückung der der Röhre abgewandten Spulenenden. Damit aber hierbei die Anodenstromquelle nicht kurz geschlossen wird, muß der Kondensator C_g oder C_a von etwa 2000 cm eingeschaltet werden. Durch seine Größe läßt sich die Pendelfrequenz einstellen.

6. Der Zwischenfrequenzempfänger.

Unter den hochwertigen Geräten ist der Zwischenfrequenzempfänger entschieden das Wertvollste, sofern man äußerste Empfindlichkeit verlangt. An Abstimmschärfe ist ihm der Hochfrequenzverstärker mit abstimmbaren, entdämpften Zwischenkreisen, nötigenfalls mit Dämpfungserhöhung durch eine Neutrodynschaltung, überlegen. Da aber die Hochfrequenzverstärker bei kurzen Wellen unter 500 m, also gerade im Rundfunkbereich, versagen, besonders wegen der unvermeidlichen kapazitiven Nebenschlüsse, so ist man auf den Zwischenfrequenzverstärker angewiesen. Hierbei wird die aufgenommene Welle möglichst bald durch Überlagerung einer Hilfswelle, deren Länge einzustellen ist, und nachfolgende Gleichrichtung auf eine größere Länge umgeformt, z. B. auf 5000 m. Auf diese Zwischenfrequenz ist der anschließende Hochfrequenzverstärker sehr genau und unveränderlich eingestellt. Die Bedienung des Gerätes besteht lediglich darin, das Auffanggerät, Antenne oder Rahmen, auf die gewünschte Welle abzustimmen und die Hilfswelle so zu wählen, daß die Länge der Schwebungswellen gleich 5000 m ist. Eine nur wenig abweichende Störwelle ergibt schon eine ganz andere Schwebungswelle; sie wird von dem scharf abgestimmten Zwischenverstärker nicht weiter gegeben. Je besser man diesen entdämpfen kann, um so leichter kommt man von Störern frei. Hieran schließt sich ein weiterer Gleichrichter und bei Bedarf noch ein Tonfrequenzverstärker, Abb. 142.

a) Die Superheterodynschaltung. Je nachdem, wo die Hilfswelle eingeführt wird, unterscheidet man verschiedene Zwischenfrequenzanordnungen. Den klarsten Aufbau zeigt die Superheterodynschaltung, Abb. 187, die ganz nach dem Schema Abb. 142 aufgebaut ist. Mit der Spule L_1 ist das Auffanggerät zu koppeln, mit L_2 der Hilfssender, der am einfachsten aus einer selbst schwingenden Röhre besteht. Die Röhre *1* wirkt als Gleichrichter. Sie ist hier als Audion geschaltet. Häufig werden C und R weggelassen; dann muß man die Anodenspannung so klein wählen, daß Anodengleichrichtung auftritt. Die Schwingungskreise zwischen der ersten und zweiten Röhre sind auf die Schwebungsfrequenz abgestimmt und lose miteinander gekoppelt, um Störer abzuwehren. Hinter den Röhren *2* und *3* liegen fester koppelnde, am besten abgestimmte Zwischenfrequenztransformatoren. Die

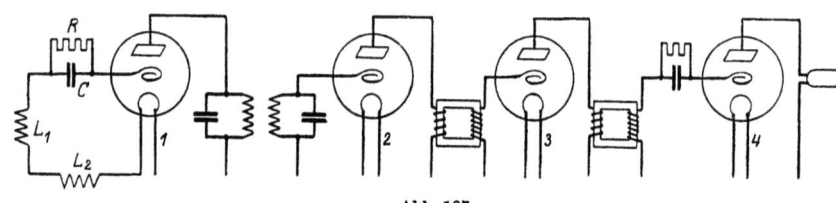

Abb. 187.

Zahl der Röhren schwankt hier zwischen 3 und 5. Eine geeignete Rück-, unter Umständen auch eine Gegenkopplung, sorgt für die richtige Entdämpfung, bei der die höchste Empfindlichkeit auftritt. Die Heizströme aller Röhren dürfen einer gemeinsamen Quelle entnommen werden. Die Anoden- und Gitterspannungen der einzelnen Röhrengruppen sollen einstellbar sein, weil man damit die Schwingneigung und die Empfindlichkeit beherrscht.

b) Die Ultradynschaltung. Die Ultradynschaltung zeigt i. a. denselben Aufbau wie die Superheterodynschaltung, jedoch wird die Hilfswelle nicht dem Gitter, sondern dem Anodenkreis der ersten Gleichrichterröhre zugeführt. Es ist also die Spule L_2 der Abb. 187 auf die Anodenseite zu legen. Da nun das Gitter keine Schwebungen mitmacht, so kann es auch nicht gleich richten. R und C bleiben daher weg, und die Anode richtet gleich.

c) Die Tropadynschaltung. Man kann eine Röhre sparen, wenn man die Schwingungserzeugung der ersten Gleichrichterröhre überträgt. Da aber vor allem bei langer Empfangswelle die überlagerte Welle dagegen ziemlich verstimmt sein muß, so wird

ein Kunstgriff angewandt, um
der Aufnahme der Empfangswelle und der Erzeugung der
Hilfswelle gerecht zu werden.
Der Kreis *1*, Abb. 188 ist mit
der Antenne gekoppelt und auf
die Empfangswelle eingestellt,
Kreis *2* bestimmt die Hilfsfrequenz. Der Anschluß an die
Spule *2* muß so gewählt werden,
daß eine Änderung der Hilfsfrequenz keinen Einfluß auf die
Abstimmung des Kreises *1* hat.

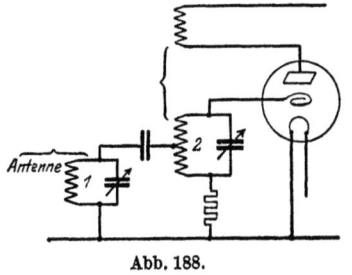

Abb. 188.

7. Funkbildempfänger.

Da der Bildfunk so weit ausgebildet ist, daß der Funkfreund
mit einfachen Mitteln Bilder aufnehmen kann, so sei hier auf
das Wichtigste hingewiesen. Es war auf S. 63 erwähnt worden,
wie Strichzeichnungen auf ein Metallblatt gezeichnet und durch
Abtasten auf den Sender übertragen werden. Zum Zweck des
leichten Einstellens wird dabei dem Sender eine Tonkennung gegeben, so daß man ganz zusammenhanglose Töne verschiedener
Zeitdauer im Empfänger hört. Genügt nun der Empfang für
einen mittelstarken Lautsprecher, so wird der Tonfrequenzstrom
nochmals gleich gerichtet und einem empfindlichen Elektromagnet
zugeführt, der nicht eine Schallplatte, sondern einen Eisenhebel
als Anker besitzt, an dessen langem Arm ein Schreibstift sitzt.
Jedesmal, wenn der Taststift des Senders über ein Bildzeichen
fährt, wird ein Ton abgesandt, den man hören oder auf den Schreibstift wirken lassen kann. Unter dem Stift dreht sich eine mit
Papier bespannte Trommel, ähnlich wie beim Sender. Beim Arbeiten des Stiftes entstehen an der Empfangsstelle eng nebeneinander liegende Striche, die aus einiger Entfernung gesehen
den Eindruck des Urbildes hervorrufen. Genaueres hierüber und
über die Einstellung des Gleichlaufes von Sender und Empfänger
findet man im Radio-Amateur, 4. Jahrgang, Heft 27 vom 2. 7.
1926: Bildrundfunk von Dr. W. Friedel.

8. Senderschaltungen.

Die Besprechung von Senderschaltungen entspricht vorläufig
noch immer einer rein platonischen Liebe, da das Senden dem

94 Vollständige Schaltungen.

Funkfreund nicht gestattet ist. Eine Ausnahme machen nur einige Vereine, die eine Sendeerlaubnis haben.

Die praktisch gebrauchten Röhrensender arbeiten mit Rückkopplung. Da die Antenne (und auch der Rahmen) ein Gebilde mit Eigenschwingung ist, so kann man Schwingungserzeugung und -ausstrahlung miteinander vereinigen (Abb. 189ff.). Zum Verlängern der Antennenwelle dient wie beim Empfang eine Spule

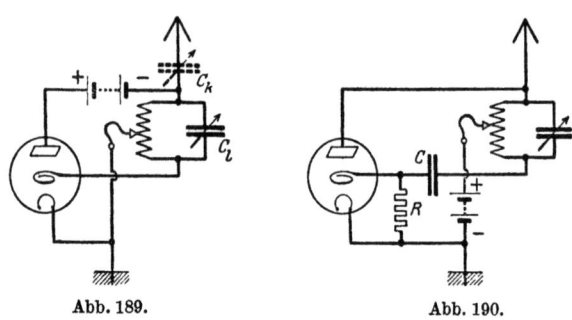

Abb. 189. Abb. 190.

und ein nebengeschalteter Kondensator C_l, zum Verkürzen C_k. Ungünstig ist in dieser sonst sehr einfachen Schaltung 189 die Lage der Anodenbatterie zwischen Röhre und Schwingungskreis.

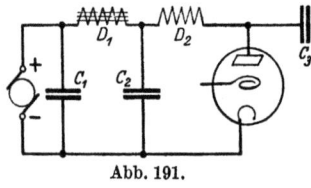

Abb. 191.

Durch die Kapazität der Stromquelle gegen Erde erhält die Antenne einen unerwünschten Erdschluß. Vermieden wird dieser Fehler durch die Schwingaudionschaltung 190. C hat bei Sendern etwa denselben Wert wie bei Empfängern, R ist kleiner und soll größer sein als der mittlere innere Röhrenwiderstand zwischen Kathode und Gitter, mit Gleichstrom gemessen. Eine ganz vorzügliche Lösung stellt Abb. 191 vor. Hier ist als Anodenstromquelle eine Gleichstrommaschine gezeichnet, deren übergelagerter Wechselstrom zunächst durch einen großen Kondensator C_1 (10 μF) kurz geschlossen, durch die eisenhaltige Drossel D_1 abgesperrt und durch C_2 (2 μF) nochmals kurz geschlossen wird. Auch eine Batterie sollte man stets nahe der Röhre durch einen Kondensator von einigen Tausend Zentimetern überbrücken, um ihren inneren Widerstand und den der Zuleitungen für Wechselstrom kurz zu schließen. Die eisenlose Drossel D_2

hält den Hochfrequenzstrom von den Gleichstromteilen fern, C_3 liegt an derselben Stelle wie die Batterie in Abb. 189 und sperrt die Schwingungsseite gegen Gleichstrom. Gibt man nach Abb. 192 dem Gitter eine eigene Koppelspule, so kann man in gewohnter

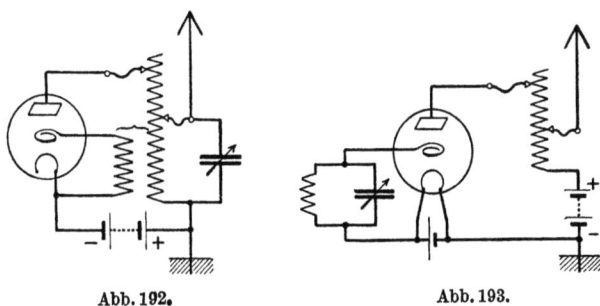

Abb. 192. Abb. 193.

Weise die Anodenstromquelle an Erde schalten. Zwecks günstiger Widerstandsanpassung ist die Antennen- und Anodenkopplung auf 192 und 193 veränderlich gemacht. Auch die Gitterkopplung

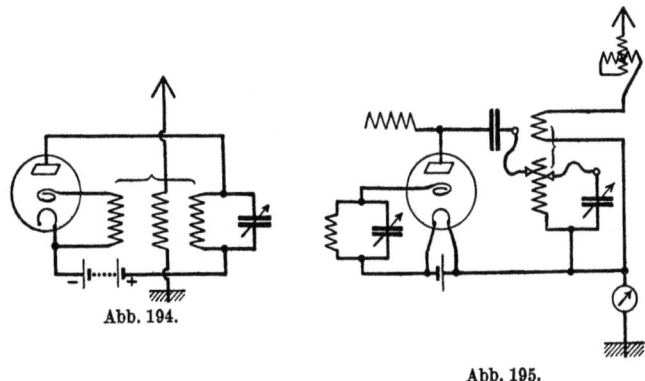

Abb. 194.

Abb. 195.

wird man mit Vorteil veränderlich machen. Abb. 193 stellt die Anwendung der Kühnschen Schaltung dar: Gitter- und Anodenkreis sind nur durch die Röhre selbst gekoppelt; zugleich sind die Antennen-Abstimmkondensatoren ganz weggelassen, da man hier lieber mit Windungen abstimmt. Die Lage der Anodenbatterie auf Abb. 193 ist der von Abb. 192 vorzuziehen, weil in Abb. 192 der ganze Heizkreis Hochspannung gegen Erde führt.

Alle diese Schaltungen haben den Nachteil, daß die Antenne

— mehr oder weniger — die Wellenlänge bestimmt. Schwanken ihre Drähte im Wind, so ändert sich die Kapazität, und der Sender „rutscht aus der Welle". Vorzuziehen ist daher ein festliegender, unveränderlicher Schwingungskreis (Kondensator, Spule), der die Wellenlänge angibt; mit ihm wird die Antenne gekoppelt (Abb. 194). Hier tritt aber bei ungeschickter Bedienung neues Unheil auf: Die Theorie gekoppelter Schwingungskreise lehrt, daß zwei Schwingungen mit verschiedener Stromstärke und Wellenlänge möglich sind, die sich beim Abstimmen sprungweise ablösen, eine als Ziehen bekannte Erscheinung. Nur bei

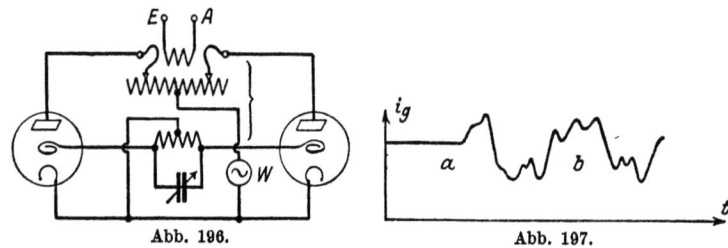

Abb. 196. Abb. 197.

genügend loser Kopplung gelingt es, eine konstante reine Welle zu erzeugen.

Die Kühnsche Schaltung mit „Zwischenkreis" bringt Abb. 195, die noch eine Drehspule zum Feinabstimmen der Antenne und ein (Hitzdraht-) Amperemeter zum Messen des Antennenstroms enthält. Diese und die folgende Schaltung (Abb. 196) eignen sich gut für Kurzwellensender. Die Gegentaktschaltung Abb. 196 enthält zwei Röhren, die in möglichst symmetrischem Aufbau arbeiten. E und A bedeuten Erde und Antenne, als Anodenstromquelle ist hier eine Wechselstrommaschine mit Hochspannungstransformator W gedacht, was wegen des Wechselstroms nur bei Telegraphie zulässig ist. Zum Telephonieren nimmt man Gleichstrom.

Ein sehr gebräuchliches Verfahren, Schwankungen der Wellenlänge durch Bewegungen der Antenne bzw. das „Ziehen" zu vermeiden, besteht in der „Fremdsteuerung" des Senders. Hierbei erzeugt man Schwingungen mit einer kleineren, selbsterregten Röhre und leitet diese Schwingungen auf das Gitter der Senderröhre, die nun als Hochfrequenzverstärker wirkt.

Negative Gittervorspannung braucht man einer Schwingröhre i. a. nicht zu geben, da die durch den Gitterstrom auftretenden Verluste an Schwingungsenergie keine Rolle spielen.

Um den Senderwellen Nachrichten aufzudrücken, braucht man das **Steuergerät**. Dieses ist beim Telegraphieren die Morsetaste oder ein ähnlicher Schalter, beim Telephonieren das Mikrophon. Mikrophone mit geringem Widerstand (etwa 10 Ω, sog. O.-B.-Mikrophone) kann man, Abb. 132, unmittelbar in die Erdleitung der Antenne schalten, wenn die Stromstärke 0,1 Amp nicht übersteigt.

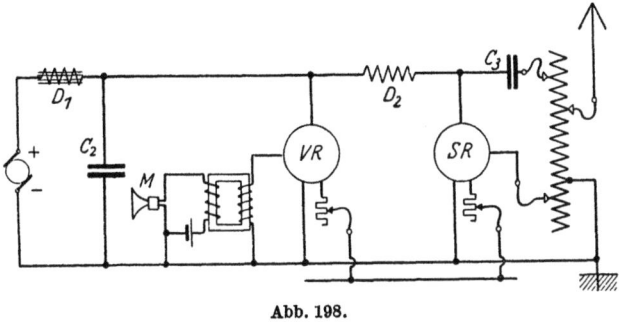

Abb. 198.

Um stärkere Sender zu steuern, speist man das Mikrophon zunächst mit Gleichstrom, der in der Ruhe der geraden Linie a, beim Besprechen der anschließenden Kurve b (Abb. 197) entspricht, und überträgt die Strom- bzw. die Spannungsschwankungen über Transformatoren und Verstärker auf die Senderröhre. Die Schaltung Abb. 198 zeigt diesen Fall. Sie eignet sich besonders für Kleinsender, die mit Verstärker- (Lautsprecher-) Röhren betrieben werden. Eine gewisse Schwierigkeit bietet das Beschaffen des Transformators zwischen Mikrophon M und Verstärkerröhre VR, der primär nur wenig Windungen braucht, um seinen Widerstand (mit Wechselstrom von 1000 Hertz gemessen) dem des Mikrophons anzupassen.

Verlag von Julius Springer in Berlin W 9

Funktechnische Aufgaben und Zahlenbeispiele. Von Dr.-Ing. Karl Mühlbrett. Mit 46 Textabbildungen. („Bibliothek des Radio-Amateurs", herausgegeben von E. Nesper, Band 21.) VII, 90 Seiten. 1925. RM 2.10

Aus den zahlreichen Besprechungen:

Das vorliegende kleine Bändchen bringt zunächst kurz die theoretischen Grundlagen, sowohl nach der physikalischen als auch nach der elektrotechnischen Seite hin und gibt dann eine große Anzahl von Übungsaufgaben an aus allen Gebieten der Radio-Technik. Das Buch beginnt in jedem Abschnitt mit leichten Aufgaben, um dann auch Fortgeschritteneren schwierige Fragen zu stellen. Am Schluß sind die Lösungen der einzelnen Aufgaben angegeben.

Das Buch kann jedem Funkliebhaber warm empfohlen werden.

(„Technische Blätter".)

Schaltungsbuch für Radio-Amateure. Von Karl Treyse. Dritte, vollständig umgearbeitete und erweiterte Auflage. Mit 172 Textabbildungen. („Bibliothek des Radio-Amateurs", herausgegeben von E. Nesper, Band 3.) VIII, 129 Seiten. 1926. RM 3.30

Die letzten Bände der

Bibliothek des Radio-Amateurs herausgegeben von Dr. Eugen Nesper behandeln:

22. Band: **Ladevorrichtungen und Regenerier-Einrichtungen der Betriebsbatterien für den Röhren-Empfang.** Von Dipl.-Ing. **Friedrich Dietsche.** Mit 56 Textabbildungen. VI, 56 Seiten. 1926. RM 2.10
23. Band: **Kettenleiter und Sperrkreise** in Theorie und Praxis. Von Elektro-Ingenieur **C. Eichelberger.** Mit 120 Textabbildungen und einer Rechentafel. VIII, 92 Seiten. 1925. RM 3.—
24. Band: **Hochfrequenz-Verstärker.** Von Dipl.-Ing. Dr. phil. **Arthur Hamm.** Mit 106 Textabbildungen. VIII, 126 Seiten. 1925. RM 3.90
25. Band: **Die Hoch-Antenne.** Von Dipl.-Ing. **Friedrich Dietsche.** Mit 110 Textabbildungen. VIII, 114 Seiten. 1926. RM 3.90
27. Band: **Superheterodyne-Empfänger.** Von Ing. **E. F. Medinger.** Mit 49 Textabbildungen. VI, 68 Seiten. 1926. RM 2.70
28. Band: **Die Methode der graphischen Darstellung** und ihre Anwendung in Theorie und Praxis der Radiotechnik. Von Dipl.-Ing. **O. Herold.** Mit 74 Textabbildungen. VI, 81 Seiten. 1925. RM 2.70
29. Band: **Die kurzen Wellen.** Sende- und Empfangsschaltungen. Von **Robert Wunder.** Mit 98 Textabbildungen. VIII, 98 Seiten. 1926. RM 3.60
30. Band: **Aus der Werkstatt des Konstrukteurs.** Von Ing. **O. Kappelmayer.** Mit etwa 100 Abbildungen im Text und auf 5 Tafeln. Erscheint im Laufe des Jahres 1927.
31. Band: **Die Störungen beim Radio-Empfang.** Von Dr. **Ludwig Bergmann.** Mit 70 Textabbildungen. VIII, 86 Seiten. 1926. RM 3.—

Ein ausführlicher Prospekt über die gesamte Radio-Literatur meines Verlages steht Interessenten auf Wunsch gern zur Verfügung.

Verlag von Julius Springer in Berlin W 9

Der Radio-Amateur (Radio-Telephonie). Ein Lehr- und Hilfsbuch für die Radio-Amateure aller Länder. Von Dr. **Eugen Nesper**. Sechste, bedeutend vermehrte und verbesserte Auflage. Mit 955 Textabbildungen. XXVIII, 858 Seiten. 1925. Gebunden RM 18.—

Bildrundfunk. Von Prof. Dr. **A. Korn**, Berlin, und Dr. **E. Nesper**. Mit 65 Textabbildungen. IV, 102 Seiten. 1926. RM 5.40

Die Vakuum-Röhren und ihre Schaltungen für den Radio-Amateur. Von **J. Scott-Taggart**. Deutsche Bearbeitung von Dr. **Siegmund Loewe** und Dr. **Eugen Nesper**. Mit 136 Textabbildungen. VIII, 180 Seiten. 1925. Gebunden RM 13.50

Drahtlose Telegraphie und Telephonie. Ein Leitfaden für Ingenieure und Studierende. Von **L. B. Turner**. Ins Deutsche übersetzt von Dipl.-Ing. **W. Glitsch**, Darmstadt. Mit 143 Textabbildungen. IX, 220 Seiten. 1925. Gebunden RM 10.50

Aussendung und Empfang elektrischer Wellen. Von Prof. Dr.-Ing. und Dr.-Ing. e. h. **Reinhold Rüdenberg**. Mit 46 Textabbildungen. VI, 68 Seiten. 1926. RM 3.90

Radio-Technik für Amateure. Anleitungen und Anregungen für die Selbstherstellung von Radio-Apparaturen, ihren Einzelteilen und ihren Nebenapparaten. Von Dr. **Ernst Kadisch**. Mit 216 Textabbildungen. VIII, 208 Seiten. 1925. Gebunden RM 5.10

Lehrkurs für Radio-Amateure. Leichtverständliche Darstellung der drahtlosen Telegraphie und Telephonie unter besonderer Berücksichtigung der Röhren-Empfänger. Von **H. C. Riepka**, Mitglied des Hauptprüfungsausschusses des Deutschen Radio-Clubs e. V., Berlin. Mit 151 Textabbildungen. VII, 152 Seiten. 1925. Gebunden RM 4.50

Grundversuche mit Detektor und Röhre. Von Dr. **Adolf Semiller**, Studienrat am Askanischen Gymnasium und Realgymnasium zu Berlin. Mit 28 Textabbildungen. IX, 39 Seiten. 1925. RM 2.10

Englisch-Deutsches und Deutsch-Englisches Wörterbuch der Elektrischen Nachrichtentechnik. Von **O. Sattelberg**, im Telegraphentechnischen Reichsamt Berlin.

Erster Teil: **Englisch-Deutsch.** 292 Seiten. 1925. Gebunden RM 11.—

Zweiter Teil: **Deutsch-Englisch.** VIII, 320 Seiten. 1926.
Gebunden RM 12.—

MIX
Papier aus verantwortungsvollen Quellen
Paper from responsible sources
FSC® C105338

If you have any concerns about our products,
you can contact us on
ProductSafety@springernature.com

In case Publisher is established outside the EU,
the EU authorized representative is:
**Springer Nature Customer Service Center GmbH
Europaplatz 3, 69115 Heidelberg, Germany**

Printed by Libri Plureos GmbH
in Hamburg, Germany